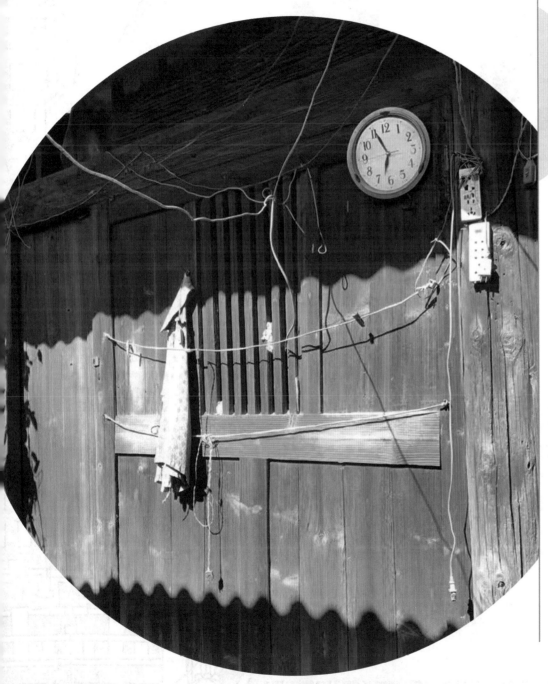

做一个
传统闽南的
拙慕者

让更多人
看见闽南

做一个
属于世界的
水手

奔赴所有的码头

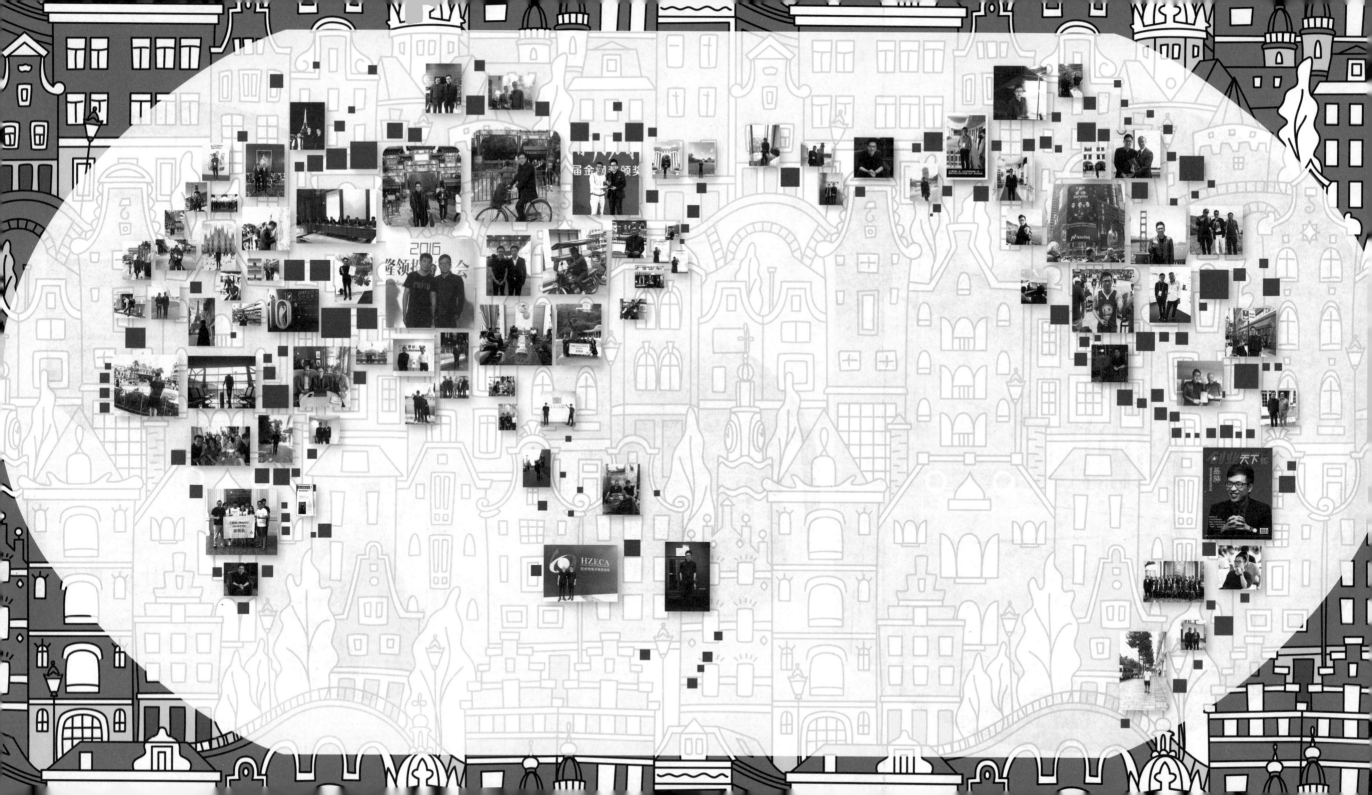

爱拼敢赢

希望你也喜欢努力的自己

柯桦龙 ■ 著

机械工业出版社

CHINA MACHINE PRESS

作为千千万万闽南创业者中普普通通的一员，本书作者在 35 岁时又选择在厦门——这个让他梦想成真的地方——开启了新的创业旅程。

"成长于闽南、外出闯荡、回闽南小有所成、环游世界、从闽南再出发"，作者以闽南为中心，讲述了自己不断努力奋斗、不断挑战自我的故事。

创业、成长……作者在探索中奋力前行，其实他也在不知不觉中不断追随着前辈的足迹，慢慢地对"爱拼敢赢"这四个字的分量有了自己的理解。愿创业者们，不管是年轻些的还是年长些的，都能从本书中读出一番自己对"爱拼敢赢"的理解。

图书在版编目（CIP）数据

爱拼敢赢：希望你也喜欢努力的自己 / 柯桦龙著. —北京：机械工业出版社，2024.1

ISBN 978-7-111-74710-9

Ⅰ.①爱… Ⅱ.①柯… Ⅲ.①成功心理 – 通俗读物 Ⅳ.①B848.4-49

中国国家版本馆CIP数据核字（2024）第004452号

机械工业出版社（北京市百万庄大街22号　邮政编码100037）
策划编辑：张潇杰　　　　　　责任编辑：张潇杰
责任校对：杜丹丹　张昕妍　　封面设计：吕凤英
责任印制：任维东
北京瑞禾彩色印刷有限公司印刷
2024 年 1 月第 1 版第 1 次印刷
145mm × 210mm · 7.25 印张 · 2 插页 · 101 千字
标准书号：ISBN 978-7-111-74710-9
定价：49.80 元

电话服务　　　　　　　　　　网络服务
客服电话：010-88361066　　机 工 官 网：www.cmpbook.com
　　　　　010-88379833　　机 工 官 博：weibo.com/cmp1952
　　　　　010-68326294　　金 书 网：www.golden-book.com
封底无防伪标均为盗版　　机工教育服务网：www.cmpedu.com

谨以此书献给陪伴着我的家人，惦念着我的师友，还有我那尚是幼童的孩子们

35 岁生日时，我照着镜子，仔细看了看自己。像大多数三十几岁的人一样，发胖，虽不大过分但还是"圆润"了。人生最好的青春时光就在这不知不觉中过去了。我记下 35 岁前喜欢的文字，去过的世界，经历的人间。希望有一天，随手打开，再遇见曾经的生活。在字里行间慢慢地回味，重新认识书里面的那个 35 岁的自己，还有那条一直很努力的路。

一位老师的心里话：努力出奇迹

桦龙是我学生中很特别的一个。他的奋斗故事是一段传奇，是我时常与学生、同事们分享的精彩故事。

2004 年，桦龙升入高二，来到我的班级。那时的桦龙颇有些桀骜不驯，并不志于学，成绩也不是很理想。从世俗的眼光看，那时的他不是"优等生"，而是"学困生"，数学、英语尤其薄弱。以当时的大学录取率来看，桦龙这样的成绩能考上一本院校是需要奇迹的。由于桦龙那时常受各种外在因素的干扰，他时常成为我谈心的对象，我依然清晰地记得，在石光中学子备楼一楼高二四班后门外的楼梯口与他谈心的场景。我鼓励他专注学业，扬长补短，争取进步。说实话，尽管当初我看好他的品性，相信他有潜力，但他今天的成长，也绝对超出了我的想象。

桦龙的转折源于一场校园冲突。在他看来，那是他人生的至暗时刻。当经历冲突后的他出现在我面前时，我的第一反应是，这是我的学生，我得保护好他。于是，冲突事件后，我跟他有了更多的交流，他也好像一下子成熟了。为了鼓励他多读书，我送给他一本书，扉页上写着"知书者达理"。期末，我在考评手册上给他写了一些鼓励的话。多年后的一个教师节，他把书的扉页和考评手册的评语拍照发给了我，彼刻，我感受到了一颗炙热的感恩之心。我想，他总能感受别人的善意，带着温暖的力量去奋斗，这一定是他在成长路上能不断遇到贵人的原因。

冲突事件后，桦龙转学到新的学校，矢志向学，一个基础薄弱的学子，立志考上本科院校，定要付出超过常人的努力。后来我知道他辗转读过4所高中，遭遇第一次高考的失利，历经了复读的磨炼，五年的高中生涯终于开了花也结了果，他考上了闽南师范大学，还与我成了校友。桦龙身上有一股"爱拼才会赢"的劲头，他用非常的意志，奋斗不止的执着与坚韧，一般人难以承受的代价，创造了求学路上的奇迹。

2013年，我回大学母校参加毕业十周年的同学聚会，桦龙得知后与我取得了联系。早上六点多，他给我发了一条微信，让我意外的是，这竟是一段英语语音。我调侃他给老师出难题，后来我才知道，这是他为了提升英语口语表达水平而养成的一个习惯——每天早起练习口语。他还告诉我，为了提升口语水平，他在上海时特意住在外国友人聚集的地方，时常主动与他们交流。高二时的那个英语"小白"，如今已经可以自如地在国外游历了。锚定目标，便全力以赴，桦龙有超乎常人的毅力。

2016年，石光中学高三年段邀请我给部分学生做励志讲座。那时，石狮媒体正广泛报道知名投资人蔡文胜对桦龙的公司的投资。以此为契机，我第一次向学生们分享桦龙的奋斗故事。我用这些故事激励学生们，只要"一直很努力"，一定会"遇见更优秀的自己"。

2019 年，我参加一个校长行动培训，培训要求分享一个教育故事，我几乎不假思索就选择了桦龙的奋斗故事。我同事说，桦龙的成长是我教育生涯的高光时刻。我说是的。我的学生里有许多高考状元，但我更得意于像桦龙这样的成长历程。桦龙让我坚定了我的教育理念，育人先育心，做"塑造人心的教育"。一个从心改变的学生，会创造无限的奇迹。

桦龙尊崇闽南文化，自觉寻求闽南文化的滋养。我想，这与他勤于思考有关，广泛的人际阅历和行走 40 个国家带来的视野，让他独具慧眼，对闽南文化有了深刻的洞见，这让他经商时有了自己的底色，成为当代闽商的一员。这本书展示了一个以奋斗为使命的年轻人洞察世界的思考、丈量世界的方法，还有驰骋商界的秘诀。这里有年轻人对未知世界既憧憬又迷茫的矛盾，有少年得志的不成熟，有创业路上的总结与思考，有游历世界的记录，有闽南文化的独特底蕴。是

"一直很努力"的道，也是"一直很努力"的术，总之是很有价值的分享。

很高兴桦龙愿意分享他关于"努力"的故事，这是值得每个人阅读的故事！

石光中学　王文立

注

文立先生是我的高中老师，是我记事后遇到的第一个贵人。感谢文立老师在那时候没有放弃我，没有因为成绩差、表现差而漠视我，反而更加关心和鼓励那个困惑的、迷茫的男孩。有些事情已经过去了快20年，我也终于能笑笑说起。在人生那段黑暗冰冷的时光里，一缕光芒是那么耀眼，而那一点善意也给我带来了极大的温暖。

志趣相合　文商兼备

认识桦龙是在 2008 年的 9 月，那时他刚背上行囊，来到漳州师范学院（现闽南师范大学）中文系求学。其时的他孑然一身、洒脱不羁，既有初入大学的好奇和热情，又有成就事业的抱负和胸襟。在大一仅一年的时间里，他遍历了大学生活的方方面面：担任了学生干部，参与了科研活动，畅游了文学世界，同时也和几个同学在大学校园里开始了自主创业，并在大一结束的时候明确了奋斗的方向。

在大学创业的过程中，桦龙先后选择了传统的学生用品、方兴未艾的物流公司、初露端倪的线上团购……在厦门软件园开设了一家网络科技有限公司，后转向品牌领域，又从一个品牌广告领域的服务商发展到今天经营自创品牌的企业家。而这一选择，正是商业与文学结合的成果。

桦龙的公司历经艰辛，破茧成蝶，逐步在业界有了自己的一席之地，成为国内外一线品牌认可的新媒体品牌营销创意公司。其作品先后获得国内外几十项广告大奖，并出版了《微信品牌营销》《让品牌说话》两部著作。桦龙的足迹也遍布世界各地，在领略人文景色之美的同时不断结识各路高手，一步步搭建自己了解更多外部世界的桥梁，完善自己的标尺。我时不时会收到桦龙发过来的作品，其文字凝练，意境隽永，富有人文情怀，读起来像是一首首引人入胜的诗篇。

桦龙生于泉州石狮，有典型的闽南人的血性，爱拼敢闯，身上有一股不服输的韧劲。从初入大学至今的十几年里，他认准了自己想做并喜欢做的事情，将个人的奋斗志向和兴趣高度融合在一起，一边是奋发有为、爱拼敢赢的人生抱负，一边是他对人文的热爱和思考，他在作品和产品中倾注了自己的理想和情怀，在艰辛创业的过程中感受着风吹浪打、商海弄潮的快乐，并形成文字汇成此书。

此书文笔清新自然，既有个人奋斗之前尘往事，亦有当时的所思所感，如同一部个人的传记，有泪有笑，有骨有肉。

闽南师范大学　黄建辉

益友推荐

　　我根植于闽南，爱着闽南，在桦龙的书里，我同样感受到他对闽南文化深切的热爱。在书里，既清淡朴素地描述了桦龙创业十年的点滴和他在这条一直很努力之路上的见闻，也勾勒出他对闽南文化的独特理解。闽南是创业的沃土，既开放包容，又兼蓄传统底蕴。这本书既能让年轻的创业者通过近距离的视角了解一位创业者一步一步走来的心路历程，受到身临其境的启发，又能为想了解闽南文化的爱好者提供特别的视角，一位地道的闽南青年行走过世界之后，他以一种清新自然的方式不自觉地把读者带到闽南文化的世界里，他眼里的闽南，不再晦涩难懂。

——恒安集团 CEO　许清流

距离第一次跟桦龙见面快十年了，那时候的他是那么年轻，未经世事就开始创业开公司当老板了。我跟他说要多去看看这个世界，他执行力很好，赶在30岁前就去了那么多国家，并把这一路的旅途见闻融合着创业酸甜写在书里，像邻家男孩的日记，朴素无华又真切自然。这本书非常适合刚迈入社会的年轻人，也很适合创业路上志向远大的创业者。走向社会时那青春洋溢的十年，不都是那么顺利，有迷茫，有困惑，有喜悦，有不成熟。相信这一条一直很努力的路，会给年轻人很好的共鸣和启发。

——著名天使投资人　蔡文胜

没有人可以拒绝心智成熟的旅程。这趟旅程里有青春、梦想、拼搏的热血，也有苦闷、迷茫、挣扎的荆棘。三十而立，披荆斩棘；三十而已，热血不冷。桦龙的这本书，激励着每一位在心智成熟之路上砥砺前行的我们。

——十点读书创始人　林少

我向来很欣赏真实的创业者，在书中我看到了柯总毫无保留的成长故事。柯总在品牌上很有天赋并且取得了优异的成绩，而这些真实故事就是取得成绩的过程。相比于听道理，我更喜欢读故事。对于个体而言，道理的应用其偏差往往更大，而故事偏差更小，真实的故事偏差尤其小。我愿意把这段真实的故事分享给更多人。

——铅笔道创始人　王方

从认识桦龙开始，他给我最深刻的印象就是"一直很努力"。一年、两年、十年……始终知行合一。不论遇到什么挫折，或遭受怎样的坎坷，他都能快速修复，自愈力极强。在我的创业过程中，他的这些品质给了我极大的鼓舞。在我创立小白心里软的 7 年时间里，遇到了太多的困难，很多时候真的想放弃，每当热情快要被磨灭的时候，一想起桦龙的那句"一直很努力，遇见更好的自己"，瞬间就能重新激励自己，快速调整状态，直面难题。我曾经非常好奇，是什么样的信念在支撑着这个人，能一直这么努力，直到看了这本书，我好像明白了：那是闽南的先辈承载着无数亲人的期盼，用生命奋斗出来的血泪史，这沉甸甸的颜料一点一滴地绘出了闽南人爱拼敢赢的文化底色，激励着一代又一代的年轻人拼搏向上。我们今天所遇见的困难，与先辈们的遭遇相比，根本不值一提。桦龙的这本书很适合鼓舞处于迷茫期的人快速找到人生的方向，走上"一直很努力的路"。

——小白心里软创始人、董事长　蔡艺勇

一直没敢动笔，是因为一直在找一个非常沉浸的时间，去好好品读这本书和感受这份生命带来的张力。我做社群多年，每年会接触很多人，柯老师真的是生命力很强的那一位。2020年夏天，第一次见到柯老师，发现他讲话舒缓宁静，每句话都直击本质，如同这本书一样，娓娓道来，沁润心田。彼时也是第一次听到他要做一个女性健康食品品牌的理想，心里想着这个事情真的有点难，可没曾想他只用一年时间就做成了头部品牌，这令人惊叹的行动力和创造力，与他温柔的个性形成强烈的反差。读了这本书，更加明白为什么成功的是他，深厚的传统文化底蕴与看过世界后的广阔世界观，深深地融入了他的血液里，根扎得很深，又那么广阔与奔放。他是一个商业里的文艺者，更是一个带着文化与炙热感去做商业的人，更是一束以商入道的光。在人生旅途中，在看不清楚前路的时候，在疲惫的生活里找不到方向的时候，我们都可以看看这本书，它将会像一束光一样，悄悄照亮你的世界。

——新商业女性创始人　王辣辣

初识柯总，得益于朋友介绍，感觉柯总有些腼腆，文生秀才般，闲聊不一会儿便能感受到他饱读诗书，才华横溢，游历宽广，是一位特别有理想有抱负的青年才俊。合作过程中更是发现他有所坚持，内心强大，对消费者负有高度责任心，对产品有种发自内心的尊重，不仅是位富有正义感的企业家，更是位不忘初心的匠人。人生如书，娓娓道来的是柯总35岁前的青春，我相信，很多人在阅读后能收获丰盈内心的精神食粮。同时本书印刻着浓浓的闽南文化，是对"爱拼敢赢"的闽南精神的诠释和发扬，幸甚拜读，值得推荐。

——福建立兴食品股份公司总经理　郭树松

这是一个感人至深的成长故事，同时也是桦龙爱拼敢赢的心路历程。看他满怀好奇地游历40多个国家，又怀揣着对家乡的深厚感情；看他不断挑战自我，从文学探险到商业智慧，从广告创意到产品创新；看他在成长的道路上持续学习与进步，同时在奋斗与从容中找到了生活的平衡。这也是一个真挚动人的奋斗故事，透过作者的文字，我们看见了作者眼中的人生和世界，也窥见了作者简单、温暖、从容的内心世界。

———全心 Uniheart 护肤品品牌创始人　吴家淡

认识桦龙这两年多来，我老跟他说从他身上看到了年轻时的自己，都是草根出身，都是"一直在努力"，创业路上也都经历了风风雨雨。桦龙不愧是中文专业出来的，能够把他从小到大，从校园到创业，这些年在国内外经历的趣闻趣事、心路历程，以及沐浴的闽南文化等刻画入微，引人入胜！在如今这浮躁的氛围中，这本书很适合想创业或正在创业的年轻人阅读。

———欧瑞园董事长　黄屹

自序

一直很努力的路

——是什么让我变成今天的我

这是一个从少年走向青年的成长历程，那些对的、错的，尖锐的、温和的，悲伤的、欣喜的，或许成熟，抑或不那么成熟的，都定格在 35 岁之前的日子里。

我时常在想，是什么让我成长？是什么支撑着我前进？是什么让我变成今天的我？是闽南文化浸润的"爱拼敢赢，输赢笑笑"的拼搏精神，是五年换了四所高中依然要考大学的目标感，是中文系学生内心对理想的追求，还是过往十年的创业经历铸就的坚韧？

当我再次看到自己学生时代的宣言"爱生活，小文艺；爱阅读，略小资；小崇洋，不媚外，一直很努力"时，才忽然明白，原来，不同阶段的生活、环境，乃至具体的事务，都在不断变化，不变的是"一直很努力"的底色。原来，我的成长之路，从来都是一条"一直很努力"的路。

闽南老家和 30 岁前游历 40 个国家

我深受闽南文化的影响，也是闽南文化的坚定拥趸。在我心里，闽南总是那么好，甚至那些陈旧的，不起眼的，都深得我心。我喜欢闽南的传统菜式，喜欢闽南的各种习俗，更喜欢闽南人身上的创业精神、宗族使命。

我毕业于普通的师范院校，既没有家族企业的平台，也没有很好的文凭，甚至上了五年高中才考上大学，还有些不自信，总觉得除非某一样东西实在太多了，才会有一个是我的，如果要通过竞争去拿到，那我要比别人多付出很多努力。选择创业，肯定会和其他人竞争，我怎么才能在创业上有所作为和突破呢？我决定边创业，边去看看世界。创业伊始，生意很少，团队很小，我有足够的时间和心思出去看世界。

在这本书里，我把我眼里的闽南底色做了介绍，一个区域中的一群人，其心理会构建出一种传统、一种文化。闽南有许多宗族，每一个小小的家族也都有长长的历史。另外，我把自己当时为什么出去看世界，怎么出去，都去了哪些地方，有什么样的见闻，还有当时的心境以及出去看世界对我创业产生的影响，都做了简述，希望能给年轻的朋友一些参考。

中文系的人做生意

在我拿到大学录取通知书的那个暑假，我印了100张"作文培训"的传单，不好意思在石狮老家贴，而是坐了一小时大巴去泉州市区。很多大学生会在暑假出来做培训，但高中生出来做培训的相当少见，而我的培训费又远超当时学生家教的行情。很快便有人跟我联系，然后很快有了试课，最终顺利完成了课程。拿到课酬时我很开心，坐一小时大巴回家，开心地把钱交给奶奶，跟她说这可是我做家教赚的。

后来我在大学摆地摊，地摊前经常用毛笔写一两句诗，有一年秋天卖被子，写的是"凉风起天末，君子'多添衣'"。

有同学说："桦龙，你明明可以走文人道路，却去做生意，沾那些铜臭味。"以此给我打标签甚至带有嘲讽。我的老师也几次跟我说希望我去研究文学，他们都替我惋惜。我的父亲也希望我能去当老师，他说做生意很难，教书相对轻松些。我执意不听，父子关系一度有些僵硬，我为此暗暗立志"混不好就不回来了"。当时，我知道我喜欢中文，但我也知道我更想去做生意。毕业后，我站在人生的十字路口，便毅然走向创业的那条大路。

在书里，我用了些篇幅描述了自己从大学摆地摊到做快递，再到后来正式创业的历程。我们会在很多时候需要做选择，同时也会听到很多意见……其实没有人能为我们的选择负责，甚至很多选择其实都是"围城心态"，这山看着那山好。更多的时候，我们能做的是一旦想清楚了，就坚定地走下去。

我的广告生涯和品牌创业之路

对中文系毕业的我来说，做广告公司是最低成本的创业了，一个小小的办公室，几台电脑，几个人，自己可以做调研分析也可以做案例收集，可以做策略，可以写脚本，可以去提案……就这样，我在厦门软件园二期，一个月租三千块的办公室里，开始了我的广告生涯。厦门软件园二期是一块风水宝地，那是创业公司的聚集地，诞生了很多上市公司，所以虽然当时的办公室很小，但我坚持要跟厉害的公司在一起。后来我们借着微信和新媒体广告的风口，和许多大品牌开始合作，崭露头角。在书里，我分享了自己广告生涯的一些经验，包括初创时怎么跟传统的大广告公司做差异，以及赢得大品牌合作后的具体步骤等。

因为做了广告公司，我有机会长期跟一些企业主打交道，渐渐地对消费品的供应链有了深入的了解，我开始做自己的滋补食品品牌，定位是为新女性提供方便的滋养食品。作为创始人，我在本书中对怎么从 0 到 1 启动一个销售过亿的品牌做了比较细致的分享，怎么选择产品、怎么做包装、怎么和用户沟通、怎么做融资、怎么度过品牌初创期……也希望为想自己做品牌创始人的朋友提供参考。

三十几岁，确实也不会太成熟

三十几岁的人，或许没有谁是特别轻松的。我们虽然懂了很多道理，但还是有很多困惑和迷茫。有的人或许比同龄人成熟，但又能成熟到哪去呢？年轻时的我们面对有些事时其实真的无能为力，毫无办法，旁人都说放下就好，关键是怎么才能放得下呢？因为只要人还处在社会关系中，就要去承担各种各样的责任，在具体的事情面前，那些对我们说放下就会好的人，或许不懂人间的疾苦，或许真的是我们不够成熟，没办法看得那么透彻。在这一路的成长过程中，我有些不成熟，也有焦虑和迷茫，甚至犯下一些错。面对未来，我既有自信满满的憧憬，也有面对不确定性的忧虑和迷茫。书里我写了自己这一路草根般的成长和精进之路，也把这一路如何面对迷茫和焦虑的心法分享了出来，希望和朋友们共勉。

人生都是在做学徒，学会了这个学那个，等到都学会了，还要学着当师傅带徒弟。三十几岁，我们有时候确实没办法对自己要求过高，努力做好自己静待天时可能是最优解。我喜欢《郭鹤年自传》里的几句郭先生对自己年轻时的描述："生活的艰难和种种约束鞭策着我，还有家里父母对我的严厉要求。从社会底层白手起家，辛苦打拼，靠自己的努力征服了一方世界积累了财富。工作把我的身体和心灵一起疗愈。年轻时，我除了努力工作，就是努力工作。希望自己会是一个值得被信任的成功企业家，基本每一天都在工作，全年无休，无时无刻不在鞭策自己要努力。我相信只要做到谦虚、正直、不欺诈、不乘人之危，这世界上就有做不完的生意。"

35岁生日那天，我照着镜子，仔细看了看自己。像大多数三十几岁的人一样，发胖，虽不大过分但还是"圆润"了。人生最好的青春时光就在这不知不觉中过去了。写下这些文字，希望能对读者有点帮助，不论在哪种境遇里，我相信世界那么大，那个关心你的人，一定在来的路上了，我相信一定有人理解你的理想，一定有人理解你"一直很努力的路"。江湖路远，期待顶峰相见。

共勉，和一直很努力的人。

柯桦龙

目录

2 持续成长，成为更好的自己 / 039

1

你不需要成为任何人

■ ■ ■

1.1 平凡又与众不同的自己：每个人都有自己独特的价值和特点，无须模仿他人，勇敢做自己

■ 我原本考取了教师资格证

2008 年，结束了第四所高中的"深造"，我考上了师范大学，五年的高中生涯就此别过，我最爱的中文系向我张开了怀抱。我想，毕业后我和我的同学们大都会成为语文老师吧。

第一次走进校园时的景象仍清晰地在我眼前，"为人师表"四个大字格外明亮，而其不易被人察觉的斑斑锈迹也在低声诉说着它见证的过去与未来。

中文系的所有课程我都喜欢，那时自己的成绩也好，憧憬着如果能把语文学习的经验分享给更多的人，让他们能够把语文学好，那会是一件多么美好的事情。我觉得学习语文不是简单地靠记忆来背诵，更多的是体会语言和文字的美，还有对生活的观察与理解。而写作则万万不能堆砌辞藻，一定要能体会大多数人没有发现但又普遍存在的细微情感，把这份情感经过自己的艺术加工后表达出来，让人恍然有所感悟。

偏偏，在理想与现实的抉择中，毕业后的我成了班上为数不多的考取了教师资格证却最终没有去教书的学生。我明白自己不想按部就班地走上讲台，我知道自己不愿意在年轻时就固定在一个地方，虽然那曾是我内心十分向往的生活。我一直梦想着通过创业让整个家族过上更富足的生活，我的内心深处其实更向往多姿多彩的世界，这种憧憬在我很小的时候就在闽南的经商氛围中萌芽了。

那场席卷全国各个高校的创业大潮，来得那么刚好，校园里的创业成绩也让我自信心满满。然而，当我真正到了毕业时要做出选择的那一刻，父亲说："现在做生意很难，多少人都做失败了，你如果不去教书，以后可不要后悔。"那时的我，已经认定了自己是要创业的，回他说："我宁可睡地板也要创业当老板。"

十年的光阴一晃而过，有过多少的日月星辰就有过多少的不易与欣喜，此时写下这些文字的我，也不再是那个意气风发的"墨染古今文，剑指天涯路"的年轻人，藏起了靠教书和写字为生的语文梦，终于成了商业世界里的一名老兵。在许多失落的日子里，父亲的那句话总会突然在耳边响起，我想，要是当初选择走那条路，人生会不会容易些；而在小有成绩、举杯庆祝的时候，我也会想起当初那个喜欢文学、满是书生气的少年，站在讲台上的他会怎么给学生朗读《短歌行》，又会怎么给学生讲《故都的秋》《桨声灯影里的秦淮河》。

或许正如张爱玲笔下的《红玫瑰与白玫瑰》那样，当一名语文老师永远是我的白月光、朱砂痣，终究成了纯粹又美好的追求，可望而不可即。人生如果只有生意，又太过薄凉；

若只讲文艺，又稍显空芜。希望自己不论在商业的世界里努力多少年，还能留有几分从前的样子，文艺与商业融合，亦文亦商。

"爱生活，小文艺，爱阅读，略小资，小崇洋，不媚外，一直很努力。"

1.2 家乡赋予我的生命底色：闽南人的拼劲儿是刻在骨子里的

■■ 我的闽南底色

我少小在泉州嬉闹，青年在漳州念大学，后来到厦门创业……我浸润于闽南、爱着闽南。闽南的传统，使我常常思考是什么造就了闽南人，而闽南的底色又着在哪里呢？

闽南人很有拼劲儿，大家都说这份拼劲儿是刻在骨子里的、流淌在血脉里的……我听老一辈的人说，因为那时不拼真的会饿死。

除了漳州平原，泉州地区的耕地是很少的，为了求生，很多先辈不得不从事一些风险更高的工作，比如出海打鱼。大海代表着极大的不确定性，出去一趟可能有收获，也可能一无所获。而比一无所获更令人心惊胆战的是，有的人可能会回来，有的人可能就永远回不来了。矗立在石狮市宝盖山上的姑嫂塔，几百年来目送着无数个出海的男子。

当出海依然维持不了生计时，下南洋，去吕宋……就成了更多人赌命式的选择。我听过许许多多悲惨的故事，拥挤的船舱内，环境极其恶劣，一群人像猪仔一样被关在一个房间里，吃喝拉撒睡便都在这里了。被木棍打，被带刺的皮鞭抽……疾病的扩散则更吓人，每天往海里扔人成了习以为常的事情。而剩下的"幸运儿"，还会因为水土不服、体力不支……倒在了岸边。霍乱、疟疾、腹泻、蟒蛇、毒蝎、虐待……最先到达南洋的闽南人是在夹缝中求生存。干搬运，替人洗衣、洗厕所……很多人由于读书不多，只能做苦力活，一餐只能吃半碗饭，就这样经过两三代人的努力，慢慢地能够不再靠做苦力为生，终于有了立足之地。如果不是被逼到没路走，不到万不得已，谁又愿意如此这般呢？

因为知道生活的艰难，闽南人大都勤劳会储蓄，做点小生意起步，有了一些积累后，便开始寄钱回家乡用于梦中故土的建设，也就有了更多的闽南人带着发财梦离开家乡。

那些出海打鱼的经历和南洋血泪史浸染了整个闽南人奋斗拼搏的底色，既因为怕没饭吃，也因为尝过拼搏带来的甜。闽南的男孩子从出生时就注定了与众不同，是家庭责任的期待，是宗族延续的期待，是社会名望的期待，就像一朵莲花还未开，就已经有了"出淤泥而不染"的约束。男孩子在出生时，仪式十分庄重，特别是十六岁的成人礼，从这天开始，这个男孩子已经成"丁"，家里会备三牲、面线等物品，摆上几桌宴请宾客，外婆家会送来衣服、金饰、裹着红纸的鸡蛋。这套很隆重的仪式完成后，这个男孩子就是大人了，就可以出海、下南洋了，就可以去冒险、去打拼了，就要把家的责任担起来了。

我总爱缠着奶奶问这问那，问多了，奶奶跟我说："你怎么那么想知道这些，这些都是没什么用的东西。"我笑笑说，"我就是想知道。"我奶奶的父亲就是去了南洋，所以奶奶家的房子是洋楼式的，她小时候也因此有机会能读书，奶奶的父亲还会往家里寄燕窝，奶奶的母亲则会跟她们几个姐妹说："要吃燕窝的，礼拜六礼拜天要自己挑毛，不然没得吃。"

在奶奶九十岁的时候，我跟奶奶说我正在做燕窝产品，她就跟我说："小时候我爸爸常常会从南洋寄回来燕窝，但是要自己挑毛。"那时候我想，是啊，南洋，远在他乡，却浸润着闽南人，九十岁时依然念着南洋，因为父亲在那边。

我曾一度沉迷研究"侨批"，"批"在闽南语中是信的意思，也就是从海外寄回来的信。那时，出去后能回来的人也很少，私自下南洋是不被允许的，而且路费很贵，人们出去就是为了赚钱，没赚到钱基本不会回来，最好的情况也是两三年回家探望一次。到了南洋，人们很快会写个信跟家里报个平安，而家里的一家老小也都指望着这个远在南洋的男人寄钱回家过生活，所以信里往往会夹钱。那时候的交通如此不便，生存极度艰难，一封信要经过很久才能到家，滔滔大海，万语千言，全在这一封"侨批"里了。而留在闽南的家人，一边苦等消息，一边去庙里上香卜问凶吉。一年半载才能收到的一封信是如此珍贵，他乡的平安和一家老小的生活都在一封信里。我特别读过几封"侨批"，傅文忠老师也寄了本关于"侨批"的书给我，"批"里讲的都是琐碎，半年、一年甚至两三年的事情，讲赚钱，说生活，问的是家里父母身体可好，问的是小孩长大没，有没有好好读书，劝诫的是弟弟是不是还赌博，酗酒改了没，还会不会跟人打架，媳妇娶了没。我特意用闽南语读，好几回都读出了眼泪。而回信的时候，父母往往会找人代笔，关心孩子的生活，问那边的起居，说家里事情不用操心。娶妻的人，妻子往往也会附上几句，但多数是父母和孩子的对话。我听一位老人说，因为侨批的第一接收人都是父母，信封上基本是"母上大人亲启"或者"父亲大人亲启"，回信也是由父母找人代笔，父母和儿媳之间的信息是不对称的。在我小时候，一些上了年纪的人还保留着写信的传统，偶尔还能看见一些收到"侨批"的情景。收到"侨批"是家里的大事,"侨批"一般先交给父母,有的父母会马上拆开找人读,看看南洋那边的生活怎么样,也看看孩子寄了多少钱回来;有的父母不会马上拆开,会找个识字的先看一下知道个大概,然后再召集众人来告知"侨批"的部分内容。早些时候,闽南人赚的钱都是交给父母来安排的,很出色的孩子才能有自己的想法,父母看到优秀的孩子也会多几分偏爱,不然孩子在父母面前不敢有其他想法。父母安排回信时,也会根据"侨批"的内容和钱的多少来交代接下来一段时间内家族事务的安排,家里有哪几个小孩是不是要读书,是不是有婚嫁等重大事宜,这些用钱的点滴都跟一封封来自异国他乡的"侨批"息息相关。

土地的不足,打鱼的风险,南洋的艰苦,香火的旺盛,一点一滴,都刻在闽南人的骨子里,记录在"侨批"的琐碎里,几百年下来,形成了闽南特有的文化,重商业,重拼搏,重宗族。那连绵不绝"卜杯"和祈求神明的人,卜的是几千里滔滔的凶吉,求的是夹缝中生存的平安。

1.3 不成熟也没关系：把眼前的事情做到极致，静待美好发生

———————

■ 三十出头，真的成熟不了

其实那时候，我已经 33 岁了，不算太年轻。

朋友请我一起接待外地来的客商，席间有位客人从头到尾大谈特谈外面的世界有多好，去过多少地方，可能有些酒意也可能是他个人的习惯，但我确实有点看不惯他的做派。后来这位客人问我，平常都去哪里，我跟他说："平常哪里都没有去，就在我们村头和村尾走一走。"我对自己的回答颇有几分得意，自认为有几分读书人的幽默，还发了朋友圈说起这段对话。

其实那时候的我没有意识到这自以为得意的回答已经得罪了那位客商，这种黑色幽默对他整晚的侃侃而谈而言就像是一种讽刺，而且那是公开的席间对话，人家不会听不出来。

后来回想，我只是一位随陪，却过分表达了自己，让主宾下不了台，真的是不够成熟。

更早几年的时候，有位职业经理人邀请我去和他们公司董事长分享一些品牌运营相关的内容，后来我们约在双子塔一家很漂亮的咖啡店里见面。

双子塔的咖啡店很漂亮，阳光透过整面的落地窗，尽情地洒进来，外面就是大海，阳光下的大海格外美丽。可是，这位董事长却迟到了，还不是一小会儿，坐下来也不怎么认真听，我就不讲了，我觉得如果对方不重视那就没必要再讲了。我旁边还有位知名教授，或许这位董事长觉得要提升效率，同时跟两个品牌运营领域的人交流，我看着教授那种捧着讲的感觉，觉得真的太过了，这都忍得了，对方都不听，他竟然能一直讲得下去，我实在感到新鲜。我直接表现出了对那位董事长的不满，也表现出了对那位教授的鄙夷，一场交流最终不欢而散，拍桌子走人。

现在看来，我真的是太不成熟，每个人都有每个人的经历和立场，对于那位董事长来说，他或许确实很忙，或许真的能一边看手机忙其他事情，还能一边听课。我看不惯人家，最多下次不见面不就好了，干吗表现出不满呢？对于那位知名教授来说，可能他有他的考虑，我觉得新鲜又何必表现出鄙夷呢？每个人都有自己的安身立命之道。更不应该在那位教授告诉我他有本品牌运营相关的新书要出版时，我却面露鄙夷，觉得听对方讲的一些观点和为人做派感觉对方写不出什么好书。

有个亲戚家，我有义务去，但很不喜欢去，因每次去都是看他们大大小小的一家人各自看手机或玩游戏，我的到来反而好像让他们多了些负担，给我泡茶或者倒水后，他们就会继续看手机、玩游戏，甚至斗地主或者打麻将的声音还时常放出来，更别说能有什么真正的交流。我硬着头皮每年能去个两三回，就这样去了六年，有一次我实在忍不了了，就跟大家说要努力要上进，不能老玩手机，慷慨激昂地讲了一小时，最后他们还是继续麻将打起、斗地主。我跟自己说，再不去了。我已经坚持六七年了，还不够吗？后来我就真的不去了，什么重要的日子也不再去他家。

后来我也知道自己没必要那样，每个人有每个人的生活态度，我要努力是自己的事情，我给自己压力是一种个人行为，何必强加给别人，谁又会觉得自己不努力呢？

那一天我喝得大醉。谭飞老师和若诚兄来厦门，我请他们吃饭，和认识多年的兄长朋友吃饭，也没什么特别的事情相托，一般喝酒也都是点到为止。结果那天谭飞老师说起对文学的喜欢，对文艺的一些看法，我一下子特别动容，一直要跟他喝酒。我本来酒量就很差，结果那天喝了很多，话也很多，从《诗经》讲到《古诗十九首》，讲到《阮步兵集》，讲到魏晋风骨，一直讲到民国的几位大师，越讲越起劲儿就越找谭飞老师喝酒。后面讲到"其实每个男人心里都住着个小孩子"，我又喝了一壶。

这场酒过后其实很伤身体，我几天都缓不过来，关键是自己嗨了，却忘了顾及别人的感受。万一谭飞老师那天不想喝那么多呢，结果就那样被我劝着喝了；万一他们可能想早点回去休息了呢，结果被我拉着听我讲半天。他们会不会通过吃个饭喝个酒觉得小柯实在不成熟。而那时候，我都三十几岁了。

三十出头，我们都以为自己穿得像大人一样，说着和大人一样的话，就成熟了，但其实还是成熟不了。三十出头的我们，因为讨过生活所以知道讨生活没有那么容易。知道创业很辛苦，知道成功背后那不为人知的一面。知道知错容易改错难，很多时候只能是将错就错。知道满满的付出不一定能换回回报。知道创业路上会有分离，团队有聚有散。知道过去是过去的，过去成功不代表未来还能成功。知道成功与失败不过是人生的一小部分。但我们还是葆有太多的理想主义和主观意识，那分寸之间的把握，往往掩盖不住锋芒。

每个人都尿过床，小孩子尿床是没人笑话的，但上学后还尿床就要被人笑啦。成熟也是，三十出头，没有那么成熟也是正常的，我们日后成熟点就好，才三十岁，那么成熟老练干吗呢。不成熟，反而你的气质会透露出岁月掩盖不住的风采。

毕竟，三十几岁，也真的成熟不了。

■ 我确实也还没悟透

阿文是我在上海时认识的创业者，有天晚上我突然接到他的电话："桦龙，你能不能给我一些建议？"

类似的事情经常发生，朋友甚至朋友的朋友找过来问建议、问方法，而我几乎都没敢应承。

阿文是一位非常好的创业者，我们交流过几次，彼此给对方都留有较好的印象。可是突然的来电着实有些难为我。一来行业属性不同，我对他的事业知之甚少；二来我自己尚没有成功，也是一位默默前行的创业者，如何给阿文建议？

我推辞几番，阿文径直地说我太谦虚，无论如何要我给他一

些建议。

看他焦急的样子，我实在不忍心拒绝他，我很希望力所能

及地给他提供一些建议，我仔细反复地看了阿文想了解的问题：

1. 如何维护好创业团队？

2. 如何处理好跟投资人的关系？

3. 如何推广企业与品牌？

……

我看着这几个问题，再次问自己，我如何能给别人建议

呢？我自己都悟不透，我自己尚需要别人的建议，又何以授

予他人？

思考的瞬间，记忆把我拉回创业的这几年。

我一样经历过初创公司时没人没钱没客户的窘境，那时

候我一个一个地拜访客户，他们中间极少有人愿意听我继续

讲下去。如果非要告诉阿文一些建议，我只能说我是不断地用笨功夫，不断地加强专业方面的学习，不断地寻找更多的客人去阐述自己的理念。

我一样经历过被投资人"放鸽子"，说好即将到账的投资却一拖再拖，最后不了了之。我一样经历过被投资机构约谈，瞬间觉得世界就是自己的，自己很快就会是成功的企业家，在资本的运作下，自己的企业将以数十倍的速度快速发展，但是第二天醒来发现，现实中的自己并不一定有投资机构想象的那么好，别人没有看清我，难道自己有几斤几两自己会不清楚吗？我该告诉阿文，唯有原谅每一个放我们鸽子的人，难道我们应该自怨自艾吗？唯有继续不断努力夯实自己与公司，难道我们应该醉心于投资机构美丽曼妙的勾画吗？

我一样经历过在事业低谷期主创人员离开的窘境，辛辛苦苦培养的人说"从公司拿到的一切都是自己应得的"，走得干脆利落。我想跟阿文说，其实每个人都有过类似的经历，我目前都还悟不透，所以我实在难以给他建议。只是，难道因为有人注定要离开，我们就应该对每个人防一道、留一手吗？我相信只要我们真心对主创人员好，真心拿他们当兄弟姐妹，他们中的大多数人能理解、能明白我们的火热内心。

阿文，既然我们选择了创业这条路，我只能说，好好努力，好好做事，用心对待每一位职员，因为在这个美好年代中，凡是有些能力的人都会选择自己创业，能留在我们身边的，真的非常值得我们去珍惜。关于投资人的事情，有时候是靠缘分的，遇到懂你的人有些事情你说一遍他们就懂了；不懂你的人，可能说很多遍他们一样还是不懂。我们不一定非要强求别人看懂，有时候只要自己足够努力，会让我们刚刚好遇到有缘的那个人，他一听就懂。公司的运营与推广中，除了客户与案例，其他的都是手段，用心维系每一位客户、做好每一个案例，把眼前的事情做到极致，其他的美好自然而然地就会来。

原谅我，并没有多么高深的建议，因为我确实也还没悟透。但是我会与你一样，不断努力。

1.4　人生不必焦虑：每天都和自己说早安

■ 一个三十岁男人的焦虑

人在不同年龄层有着不一样的焦虑。小时候焦虑学习成绩不理想回家不好向父母交代。长大后，要焦虑的事情就更多了。

小时候的焦虑更多的是其他人觉得你应该焦虑，你成绩不好应该焦虑，你早恋了应该焦虑，但真正深层的自我焦虑，是从三十岁开始的。男人三十几岁，开始听得进朋友们关于养儿育女的体会，开始关心房价，开始了解从幼儿园到中小学的各种补习班。男人三十几岁，对于潮流开始有了自己的理解，新奇倒是次要的了，更注重沉稳、气质与品味，搭配也开始自成一派，经得起时间的考验。男人三十几岁，开始懂得得饶人处且饶人，开始有种为了生活受点委屈也没什么的豁达。男人三十几岁，开始不再随意地跟外人说去了什么地方，吃了何种美味，很多想法和经历使自己变得更加含蓄不张扬。男人三十几岁，开始相信缘分，缘来缘往已然注定，我们只需抓住缘分来好好过活，因为很多事已是注定。男人三十几岁，看书不再贪多，总是把旧书翻出来看了再看，或者是认定一个作家的所有作品，细细读，将年少时没读出来的东西重新品味出来。男人三十几岁，对着亲人，终于懂得了珍惜，也能处之泰然；明白了宗族的责任，有些青涩，终要成熟。男人三十几岁，开始相信，信缘，信定，定好的，总会信，不管风雨如何飘摇，说好怎样，结果就是怎样，一直努力去追寻，或许途中会遇到艰辛，但是，有信。

人在少年时往往以为年纪大些就可以想做什么便做什么

了，当上大哥就可以指点江山了。到了三十几岁，你很容易就明白，大哥都是从小弟做起的，再厉害的人也都有自己的大哥。大哥往往是相对的，而当大哥或者当小弟都不容易。

正是因为背负了那么多，而内心里又都想当个超级英雄，一个人刚刚走出青涩的三十几岁，很容易陷入自我怀疑当中。尽管已耳闻目睹了人生的艰辛，明白有些东西不要去拆穿，这亦是一种面对生活的态度；也明白看破会让自己更释然、更轻松些，但结果往往还是走不出那份困惑与焦虑。焦虑时就可能会控制不住情绪，想要宣泄情绪。虽然我们都知道最高级的修养是能控制好自己的情绪，明白了这道理，就能理解那些发脾气的人，他们也不想那样，很多时候是因为自身能量不足才变成那样。

有时候我会问自己，什么是苦？如果有，那是什么；如果没有，为什么我又时常会有难以名状的焦虑。

这焦虑，有成长的焦虑，纵然很多人说你是青年才俊，但是否这真的意味着你会成功呢？放着大家眼里的好日子不过，非得继续挑战自己。有选择的焦虑，选择了左边，这条路是否正确呢？尽管如此被看好，会不会右边才是更好的选择？还有相形见绌的焦虑，无论当下的生活如何，总会有更好的人出现，日子总会有更成功的人士来点缀，不论眼下你多么成功，依旧有比你更成功的人，不论眼下你拥有着什么，人总会还渴望着什么。唯有每天都和自己说早安，早是日月星辰的早，安是柴米油盐的安。

我们都在选择与未知之间摇摆，在不满足与知足之间徘徊，在未来与过去之间踌躇。

亦实亦虚之间，究竟，我们怎样才能不焦虑？又有哪个三十岁的人不焦虑呢？

1.5 走一条自己选择的路：勇敢追求自己的梦想，不要被别人的意见左右

■ 走一条自己的路，不会孤独

这个世界，不缺一个平凡的你，但需要一个认真生活的你。你虽平凡，但无比重要。既然明白了什么是自己想要的，那就勇敢前行，先行动起来，再看要如何取得成功。

——写在前面

15 岁那年，幸好没有做乖乖仔只知道学习，多了那份青春飞扬与折腾。16 岁那年，被人欺负后幸好没有向老师打小报告而是选择了一条自己笃定的正义之路，那是弱势者在面

临欺凌时向命运捍卫着尊严。17 岁时被迫转学，20 岁时又
两度转学，五年的高中生涯流浪了四所高中，我幸好没有向
命运妥协，选择了一条不被看好的求学路。21 岁时终于进入
大学，写文字、进篮球队、创业，遇见掌声与鲜花，我幸好
没有做一个只知道学习、打篮球、恋爱的乖乖仔，而是保留
着自己的那份执着专注于自己摆地摊、做快递等创业项目。
24 岁时我在大学毕业后幸好没有当乖乖仔，听家里的安排去
走一条大家认为稳当的求职路，而是选择了创业。26 岁时
我想写一本书，幸好没有退却而是执着地把自己的思路整理
成文。我想在 30 岁前去世界各地走走。35 岁时我想把过往
十年的创业历程用文字表达出来。如果我们那么明确地知道
自己想要什么，为什么要委屈自己去跟随别人的观点呢？如
果一切都那么清晰明确，为什么不可以鼓起一点勇气去做
自己？

创业又何尝不是这样呢？有些管理者当老好人，但最终
会害了整个团队。有些人则非常严谨，认为职场友情重要，

因此姑息、包庇、护短，睁一只眼闭一只眼，这样的友爱看似融洽，实则可悲。因为真正的比拼是团体与外界的比拼，因此严谨是为了避免整个团队在战场上不敌对手，避免出现集体阵亡的后果。

许多事情在开拓时总会面临许多问题与阻力，最难的不是体力上的消耗，是他人的眼光，是世俗的批判造成的压力。这种压力甚至会导致自己的亲人们都来劝阻你，你若不听便多加了一条忤逆的罪状。

更多时候，所谓世俗的正确往往更加功利与善变，在某些时候对你极尽嘲讽，在某些时候又对你阿谀奉承。

选择当个纯真的俗人，我是不是就可以拥有属于自己的喜怒哀乐呢？开心就欢喜，不管别人是否认定是得意易忘形，永远不要掩藏自己的欢乐。难过就悲伤，不再拿因果换福报来安慰自己。喜欢就去追求，不再拿类似"顺其自然，该是我的就是我的，不该是我的也不用去追求"的话来力求让自己平静。不开心就生气，不再用"应该很平静地接受，没什么能让我不开心"的话来表示自己的脱俗。遇到就接纳，缘尽就放下。

给自己一些勇气，只要一切是那么清晰可见，就要勇敢发出自己的声音，走自己想走的路，有些不那么寻常的路只能自己去走，这不是孤独，而是选择。

只要具备良好的品格，优良的习惯，坚强的意志，不论选择怎样的路，都永远不会被所谓的命运击败，我们选择走自己的路，便不会孤独。

■ 大胆路过这个世界的不同

我小时候一直待在闽南，再具体点则是待在石狮和晋江。在我的眼里，看到的都是男人赚钱养家，或者工作，或者做生意，一般家里也都是男的在当家。女人们则负责做家务带小孩，操持祭祀，闲时则打打麻将、拉拉家常。偶尔遇到一个在工作的女人，大家都会说这个女的好厉害，既要顾家又要工作，真的很勤奋。如果是女的在家里拿主意的，那就更奇特，大家一定要去探听一下，是不是这位女主人很厉害，个人能力很强，或者是她娘家很厉害。

我渐渐长大，发现女人们基本都在工作了，很多人的家里也都是女的在当家了。大家都在勤奋时，单个个体的勤奋就贬值了，再没有听谁夸某个女人工作好勤奋的了，大家也都更匆忙了些，一些祭祀的琐碎也慢慢地不见了。

后来我到上海，看到很多女人会比男人强势，我会觉得很惊讶。再到海南，看到很多现象是女人在工作，男人就负责喝喝老爸茶，我说太新鲜了。我有一次到印尼，发现有座岛上历来都是女人工作男人做家务。我终于知道，天底下其实也没什么特别奇怪的事情，大家的风俗不同而已，各自都有道理。

我情窦开得早，和喜欢的女孩子一起，也都是躲躲闪闪的，怕被人看到，不敢公开和有太亲昵的动作，更不敢让家里的大人知道，会被骂死。大学老师跟我说他们以前更可怕，在一起都躲得跟做贼一样，其实老师大我不过十岁，世界就是变化那么快。现在很多学生会很自然地跟父母说有男女朋友了，父母也只是觉得只要不影响学习，恋爱也不再是一种多么大不赦的罪行。

我第一次到美国时，觉得这里女人怎么会那么敢穿、敢展示。第一次到日本时，我觉得怎么那么多老人都还在工作，的士师傅和餐厅服务员都是爷爷辈的。第一次到荷兰，我觉得这边的人长得真高，而且怎么那么爱读书，很多人都抱着一本纸质的书。第一次到越南时，我才感受到什么叫安贫乐道，贫穷的人家也能那么热情、阳光和开朗……

世界越来越一体化了，交流更频繁，互相的影响也更多，很多我以前觉得奇特、新鲜的事情，到后面都习以为常了。

假如让我回到从前，我再不会躲躲闪闪，约会要跑到那么偏僻的小巷子里，我会大胆地跟我爸爸说我谈女朋友了。那么如果站在未来看现在呢？很多我们觉得不敢做的事，现在认为离经叛道的事情，或许十年后就变成了习以为常的事。就像一对在路边拥吻的情侣，在不同的时间点里，大家对他们的看法是不一样的，但他们的青春却只有一次。现在的社会已经允许我在路边手拉手了，但我的青春已经过去了。

世界和时代的标准，一会儿这样一会儿那样，我们的青春却只有一次。一句话骂倒一个人和一句话捧起一个人，都很难说得清对与错。

走过一座城市或是翻开一部经典，就像重新了解了这个世界的多样和复杂，就像打开了一扇扇的窗户，东边的风景和西边的风景如此迥异却都各有千秋。我们经历了岁月，糅合了多元的世界，有了自己的判断，只要仰不愧于天，俯不怍于人，懂得人世的不易，对人世多一些宽容和温和，又何来对错呢？

持续成长，成为更好的自己

2.1

始终保持谦虚和学习的态度：无论取得什么样的成绩，自己永远都是学徒

■ 人生都是在做学徒

　　我奶奶九十几岁了，和我一直都很亲。我平常在厦门，有时候回老家去看她，如果是在普通的日子里回去，她会问："生意不会忙吗，怎么跑回来了？"没坐多久，她就催我："你早点回去，不然太晚天就暗了，专心做生意就好，不用那么经常回来，阿嬷都很好。"我走出门开车，都能瞥见奶奶站在门口送别的那份不舍，但她又催我早点返身。如果遇到祭祀或者传统的节日，奶奶又变得特别希望我回去，她觉得我会在每一个祭祀和传统的节日回去。有一年中秋，家里人都跟她说桦龙在上海，没有回来，但她非不信，跟大家说："桦龙肯定会回来。"她一个人坐在那边等我，直到天暗了才确认和相信我不会回去了，家里人都笑她。后来才知道这件事的我，眼泪自己掉了出来。

我女儿在读幼儿园，虽然我现在很忙，时常在外东奔西跑，但她出生时我的创业才起步，不像后来那么忙，从小在一起的时间比较多就会比较亲。有一天女儿给我打电话说："爸爸，放学你能不能来接我啊？"我问她："阿公去接你不是吗？"她跟我说："想爸爸你来接我。"我那天就去接了她，路上她问我："爸爸，为什么其他小朋友都是爸爸妈妈来接，我却是阿公来接啊？"我问她："阿公来接你不也是回家吗？"她说不一样，我问她哪里不一样，她想了很久想不出来，跟我说："感觉不一样！"那天女儿的脸笑得像花开，阳光下的那种花开。

五年前，我去了琅勃拉邦。凌晨五点左右，天还没怎么亮，整排整排的民众带着食物在路边等待。穿着橙色僧衣的僧人，从远处走来，他们赤着脚，排成一列长队，神色平静。

他们从民众的身边走过，民众则把带来的食物一点一点拿出来放到僧人的钵里。后来我问了当地人才知道，这里每个男人都必须出家，有些人是一段时间，有些人则是一辈子。我看着周围落后的一切，问一位当地人："这里的人不会觉得要发展建设吗，怎么都还在出家修行？"当地人笑了笑跟我说："我们这里不是发展得很好吗？"

多年来，在琅勃拉邦的经历一直影响着我。那个被世界标准定义为贫困地区的地方，却有着自己的修行之道，一座首府城市没几条街，也看不到警察，甚至连红绿灯都没有，也没什么熙熙攘攘的人群，一切是那么平静。而我待在喧嚣里太久了甚至觉得他们没有什么发展建设。我忽然想起奶奶那么热衷于在祭祀的日子和传统节日里让我回老家的寓意了，既照顾到我做生意的俗世凡尘，又希望我的心灵能在人生的旅途里有一份根系与归宿。我女儿说阿公接和爸爸接感觉上不同，这是童言里的禅意。我应该好好跟他人学习，不论我们来自如何发达的城市，不论我比奶奶多懂多少外面的世界，不论我比女儿大了多少岁，人生都是在做学徒。

　　人生之路也好，创业之路也罢，就像一个不断转动的齿轮，齿轮有很多面，不断地推动我们前进，我们不可能每一面都能做得很出色，学会了这个还要学那个，等到都学会了，还要学着当师傅带徒弟。

2.2

做一棵随处生长的小草，努力成长：再小的家族，也有一部长长的奋斗历史

■ 草根的成长

所有的理想都是靠自己勉强踮起脚尖去实现的，不是靠万事俱足实现的。

跟一个四川的朋友吃饭，他问我："福建人应该是不吃辣椒的吧？"我说没关系啊，然后我们两个人吃一模一样的辣菜。

我突然觉得很有意思，不禁联想到这些年的经历。

经过这几年的游历，自己好像已经习惯了许多地方的口

味，能分得出四川辣、湖南辣、北京辣、海南辣的差别；能

分得出东北烤串跟天津烤串的不同；能体会广东盛行的煲汤

与闽南的海鲜虾蟹的滋味。

饮食如此，生活的其他方面好像也联动着。

大学时开着面包车拉快递，后来我很少会觉得有什么特

别难开的车。可以喝茶，也可以喝浓咖啡；吸得了老人家的卷

烟，也能享受雪茄带来的乐趣；环境好能待得下去，环境差也

可以适应，因为我觉得总比以前自己摆地摊的时候过得好。

我说着地道的闽南话和普通话，也会几句四川话，还有

东北话；也会说些英文，可以扯几句广东白话。草根走南闯

北，感谢这些经历带给我的收获。

那年摆地摊时，如何卖出产品让我很难为情，中午送快

递时夏日的太阳特别毒辣……上海这座大都市在刚毕业的我

的眼里显得特别大，凌晨三四点北京的南苑机场特别偏远，

广州的 TIT 特别引人好奇，武汉天河机场里的时间像是静止

了一样，韩国的冬天特别冷，日本大丸前的路口既熟悉又陌生，金州勇士的主场氛围虽好但没有我想象中的那么大。

比起听一些顶级富豪的创业故事，我特别喜欢听到草根出身的人通过兢兢业业与勤勉刻苦终于可以有所成就的故事。

草根有太多的理由可以放弃拼搏。每天追求物质生活的改善和不被人看低，有一点小成就就欢呼雀跃，多被人尊重一两分就满心欢愉。草根有太多成不了故事主角的理由，但他没有放弃，依旧一点一滴地攒起自己的生活，经过几年、几十年，甚至几代人的努力，终于有了差不多的样子。再小的家族，也有一部长长的奋斗历史。

有人生来就是王者，有人生来就是为了远大的目标而奋斗，但是大部分人都还只是过着眼下的日子。

草根走的每一步路，都格外地辛苦，还不起眼。一个家庭，从年初规划到年尾，盘算着小孩子的学费，如何攒钱、攒多久可以付房子的首付，多久可以装修，是不是要买辆车，一年到底的奔头可能就是能攒下几万块钱。有人眼里一个名牌包包的钱或许是草根一年积攒的血汗。别人眼里的代步车或许就是草根花了很久才精挑细选出来的宝贝。

草根拼搏好多年，为了能让家里的大大小小过上普通人的生活，小孩能好好念书，老人能有所依靠。这份不起眼，却是一个草根家庭的全部。土生土长的草根，深深地汲取着天地的力量，没有温室，却也茁壮生长。

出身于草根的人更能体会草根生长之不易，永远不会放弃努力，每年每月每天紧巴巴地过日子，却使得下一代人有机会在一定的基础上再去拼搏，使得这份拼搏的精神传承下去。

努力会让人感觉每天都要拼尽全力，可一年一年过去却越来越容易；不努力每天都很轻松，可一天一天过去就会越来越难。许多事情不是在万事俱备的情况下完成的，都是竭尽全力度过去的，勉励维艰，遇见阳光。

世界变化很快，有时候草根的我们只是为了不被时代抛下便已耗尽全力，步履匆匆。是的，很多时候我们远没有达到实现自己伟大抱负的程度，只是为了不被落下，只要不被落下，就能迎接新的机遇。

因为一切得来不容易，人们便尤其珍惜。多年后我再回想，十年前草根生长的不易，不过是一道笑着说起的下酒小菜。岁月悠长，那份洗礼，成了一罐装在心里的蜜。

我身边有很多朋友，每天勤勤恳恳，为人谦逊又有满腔抱负。只是受限于过于单薄的底子，辛辛苦苦的付出依旧比不过别人一时半会儿的回报。我总是跟他们说："草根或许在一开始资源有限，但一旦长出样子，后面的坚韧性和成长性会超乎想象。我们起初以为全天下的好处都集中在某一位精英身上了，却不知道他的家族为此付出了多大的努力，不知道他个人又付出了多少异于常人的坚持才走出那段草根的岁月。"

2.3

通过努力实现自己的价值：把每一天都尽量做得更好一点，然后静候天时

———

■ 成色差一分,价值差千百倍

对于每一次机遇，你的准备就是你之前人生的总和，一五一十，不多不少。每一次机遇，可能不需要什么特别的准备，如果有，那就是过往的一切，勤勉刻苦，静水流深。

很多人问我草根怎么成长，但他或许没想过，我是下班离开最晚的那个，我是开工最早的那个，我是行动最快的那个，我也是敢于跟任何人比谁更勤奋努力的那个。有时一些暗示是自己给自己的，目的是告诉自己要付出不亚于任何人的努力。创业十年，或许我没有做到每一个决策都正确，但每一天都过得很认真、努力。

如果你觉得路上有点拥挤，那么就早点出发；如果还拥挤，那么就再早一点。其实只要你出发得早一点，道路就通畅许多，再提早一点点，就根本谈不上拥挤了。

不思进取很容易，要进步却很难，要蜕变更艰难，而你一旦选择了创业，就成了那个想赢的人，结果是要么输要么赢，没有差不多的一条路。高手过招，输赢往往在毫厘之间，很多时候都只能靠耐力、意志力，最后拼点数比输赢，既然是为了大场面而来，要么生要么死，没有中间的路。

创业就是日日夜夜无休止地自发思考，做得不好的工作要进行反思优化，做得好的要想着下一阶段该怎么提升，一颗看似静止的心，永远在战场上激荡。尽量努力成为第一名，尽量把第二名落得更远。

面对同一道题，有些人不愿意费心思就直接说不会做；

有些人想了半小时才说不会做；有些人反复思考，甚至为此彻夜难眠，终于找到一点点思路。

一份工作要做到平均水平是不难的，但是要做到出类拔萃则很难，需要特别刻苦。一点点付出就能做到六十分，稍微努力就可以达到七十分，但要上到八十分就很难了，过了九十分，每前进一点都会很难。我们可以有各种各样的理由告诉自己做不到是可以原谅的，但一旦有人做到了，我们往往就会落选，就会跟机会擦肩而过。烈火识真金，困难鉴定人的成色。六十分是完成工作，八十分是完成工作，一百分也是完成工作，但六十分的工作完成一百次都不会进步，一百分的工作完成一次你就能得到升华。学到知羞处，方知艺不精，如果本身不够优秀，功夫不够扎实，你的全力以赴可能会远远不如别人的随意发挥。

在鲜花和阳光来临之前，我们都需要很长的时间保持勤勉刻苦，保持耐心，持续努力，把每一天都尽量做得更好一点，然后静候天时。

稻盛和夫说："长年坚持勤勤恳恳、辛辛苦苦工作，能够让一个平凡的人变得不凡。"那些看似毫无才华的人经过 30 年的专注工作，耐得住看似一无所获的日子，就会变得非凡。闻名遐迩的高手，几乎都是这种类型。

人生的很多机遇，都是一个人在付出百分百努力的基础上自然而然遇到的。只有用尽全力，神明才会眷顾，沉迷精进创业中的快乐不是买东西、吃美食所能比拟的。

很多事情看着相差一点点，甚至看着都一样，但背后的逻辑和功力完全不同。同样的一块玉，有瑕疵的和没有瑕疵的价值差千百倍。人和人从生物学的角度来讲相似度超过百分九十，我们看着分明如此接近，但又切实地能感受到不同。

2.4 没有退路时，或许能激发自己最大的潜能：人世不可量，请多一些珍惜

———————

■ 没有退路，你和我才变成我们

某天我发了一段文字："有人把一切的包容与宠溺都给了你，你却常常视而不见，甚至把自己的万千宠爱给了另外的人。——人世不可量，请多一些珍惜。"一位朋友给我留言说道："其实这句话还有后半句：而得到你宠爱的那个人却理直气壮地告诉你——你就是一个只会索取的人，想对他／她好的人还有一大群在后面排队呢。"

有位年轻的朋友说现在这种爱很流行，叫爱得"贱贱哒"，每个人有每个人的选择，你所珍惜的有可能是别人所嫌弃的，你所嫌弃的又或许是别人所珍惜的，甚至是可望而不可即的，所以也没什么具体的好坏，我只是觉得多一些珍惜，便大抵是好些的。

不只是情感，工作似乎也是如此，你所看不上的某些工作可能是许多人梦寐以求的，而你所忽视的恰恰是某些人一生的追求。

如果我们非得要生活出一些滋味、工作出一点名堂，那就要先做好选择，一旦做出选择之后要尽可能少一些比较，少一些对比，把这种生活、这份工作当成唯一的机会，或许你就会真的会更珍惜、更努力些。抛开那些还有多少人、多少好工作在排队等你的想法，安安心心、踏踏实实地去过好眼下的生活，做好手中的工作。

相互多珍惜，共同面对这样或那样的问题，因为我们都没有逃避，都尽心地一起去面对、去处理，放下其他的退路，你和我才变成我们。

　　有时候，我以为懂得多了、经历得多了、看得透了就是成长了，但其实不是。成长应该是一个人变得温和，甚至是对全世界温和，对自己苛责。成长更不是觉得自己能够看透人性，慢慢成熟后你就会明白世上值得苛责的人实在不多，最放不过的其实是自己。当肩上的担子重了，手上的行李多了，我们不再停留在原地埋怨着随行的人为什么不伸以援手帮帮自己，而是选择默默地甚至欢乐地分两次甚至多次去完成一项项任务，一次搬不动，两次三次总是可以的。而与你随行的那个人，可能一天到晚的事情已经足够让他烦心疲倦的了，能够让他休息放松一下，难道不是自己追求的另外一种快乐吗？

　　在家里看着一大家子的衣服，想着另一半会有多辛苦，心竟然低到尘埃里，洗衣服洗出一朵花来。在公司看着繁杂的工作，想着某件事、某个人，忙着忙着竟然也能笑出声来。

2.5 总结经验，不断成长：但凡要取得大的成功，都会有个过程

■ 努力还没有成功，但那又怎样

朋友打来电话，说老婆要离婚，三年前结的婚，孩子才一岁多，问我该怎么办？

接着列举了些生活中的琐碎。女孩子在上大学时接触面窄，选择男士或许带些理想与冲动。婚后接触的人多了，尤其成功男士遍地而自己老公还是没太大进展时，往往心急，偶尔多说了几句别的男人好而自己老公不打拼的话。男人好面子，顶了嘴，战火就激烈了。一些气话一旦说出，纵然以后和好，但是几番下来双方还是会留下心结。

我不知该如何回答是好，便安慰了下，说既然结了夫妻，尽量相互体谅些。接着他跟我说自己毕业这几年其实也不是不努力，一直很努力地工作、很努力地打拼，只是在一些比如论资排辈的约束下，努力并没有那么快地给出应有的回报。

他说打算创业闯一闯，问我有什么建议，我说创业九死一生，没准备好就不要来，一旦开始，便回不去。如果没有创业的决心与勇气，或者眼下工作确实仅仅受限于体制，不一定非得创业。

我们身边有许多朋友，每天勤勤恳恳，不断努力，为人谦逊又满腔抱负，只是眼下没有成功，甚至局限于体制或着实过于单薄的底子，辛辛苦苦的长期付出与积累依旧比不上别人一时半会儿的回报。其实让人难过的不是身体上的累，而是无法倾诉的憋屈，是情绪失控的自责，是无数次崩溃时憋回去的泪水，还有心里想了一万遍还没来得及说出口的话。

希望身边的人能选择相信他，更不要在他的低潮期落井下石，相信努力又正直的人终会有所成就，或是物质的，或是精神的。

而一旦选择创业，路相对更加激荡些，风雨都要靠自己与团队去抗，没有稳定的退路。

记得多年未见的好友离别留言时说："从大一开始你就起早贪黑地拼，很心疼你。但是我一辈子都会记得你一直很努力的格言。"我想了好久，回答："其实人各有志，心疼是不用的，因为我都是自愿的。"确实有时候我很辛苦，有时候压力也巨大，但是心里总是洒满阳光的。因为努力我才能遇见许多这辈子一直佩服的人，他们是各个领域的专家，穿着时尚得体又彬彬有礼，低调且不失智慧。我只是努力想跟他们学习或者成为他们那样而已，而这么些年，有大师的陪伴，有文学经典的洗礼，去过那么多地方，经历过那么多人世，如果努力就能得到这些，再努力多少次我也愿意，我真的是自愿的。

当然，我与许多正在努力的创业者一样，我们都还没有取得特别大的成功，但是，这又怎样呢？凡事都有个过程，尤其要感谢那些在一开始就支持我们的人。回想遇到过的人和事，还有书上的故事，只要是比较大的成功，都有个过程。著名导演斯皮尔伯格在最初的时候，需要拍摄电视广告来赚钱，才能够支持自己的电影创作。梵高生前看不到自己作品产生的价值，一生中只卖出了一幅画。富甲一方的企业家除了个别人会在刚出生时含着金钥匙，大部分人在一开始也是需要努力寻求多方支持的，拿着自己的新产品四处奔走推销，后来终于富甲天下。这里面也都有个过程。

如果只是想有个小成绩，可能会快一些。但凡想要取得大的成功，都会有个过程，而有些人天生为人生大场面而来。

■ 时间教会我什么呢

立冬过去一段时间，尽管节气已经触到小雪，但厦门依然不太寒凉，枝丫依然青绿，只是零散有些凋落，早晚两头稍微有些凉意而已。

最近的日子和往常也差不多，每天的工作也很平静。只是早晨一场细雨带着蒙蒙的烟雾，让寻常的上班路，好像拉长又浪漫了起来。我在想，时间教会我什么呢？

从五年的高中生涯，到四年在师范学院一边学习一边做摊贩，再到毕业后近十年的创业，时间教会我什么呢？

好些朋友问我，最近在忙些什么呢，朋友圈很少有动态，公众号也好久没更新？我说工作比往年确实忙太多，但日子好像就是那样平常，也没什么特别。

云门垂语云："十五日以前不问汝，十五日以后道将一句来。"自代云："日日是好日。"

上月底，我随同几位朋友一起去了莆田，晚餐由当地的洪先生安排，后来蔡先生也来了，两位都称得上是当地的大企业家了。洪先生近几年新起，蔡先生成名已久，一位锐意进取，一位从容淡雅。朋友们也都很优秀，席间自然是热闹欢喜，觥筹交错。我只是同行的后辈，自然谨言慎语得拘谨些，但自然也要表达感谢，巧合的是两家企业同我早就有些合作，我同洪总说2015年我们合作时他的公司还没上市，2016年上市了，到后来市值七百多亿，时间真的过得太快，变化和发展也那么快。蔡总基本完成二代交接了。蓦然之间，我好像也看到了刚出社会时青涩的自己，再看看眼下日近中年的自己。这些年，时间教会我什么呢？酒喝出了甜。

上周末，我收到两副眼镜，我一共有五副一模一样的眼镜了，店家也奇怪为什么我就要一样的呢，他说一个品牌买五副的顾客时常有，但五副都买一样的人却很少。我说帮我找一样的就好了，因为不会老想着要换，会更珍惜。就像我多年来都穿一样的衣服裤子，十来双一样的鞋子，那么多年，保护得还很好，一份工作如果打算长期去做，也会更珍惜。不用老是想东想西，反而多了珍惜。这个小小插曲，算不算也是时间在教导着我什么呢？

在一些人生和事业的关键时刻，我喜欢翻看一些华裔商业巨贾的传记，看看这些巨贾在创业和人生历程里面临一些类似的境遇是如何应对的。《郭鹤年自传》里写道："只要做到谦虚、正直、不欺诈、不乘人之危，这世界上就有做不完的生意。"《碧岩录》里写道："问即是答，答即是问，问在答里，答在问里。"

而每当事业遇到重大的选择和判断时，我都会让自己慢下来，不止慢一点，起码慢三拍。慢三拍，时间悄然地慢下来，会看到窗外阳光下的叶子缓缓摇动，感受到节气的味道，睡到自然醒，慵懒中看看机票，找个城市，找座博物馆，去走走。跟老朋友说你要来，也认识些新朋友。慢下来的日子，好像与原来的生活和工作无关，是另一个自己，在慢三拍的放空中，寻找契机与灵魂对话。

成都、重庆、沈阳、长春、乌镇、潮州、大理、丽江、敦煌、洛阳……都是合适的地方。只是慢三拍绝非易事，原来走路如小跑，一下要慢下来，我时常也不是完全能做到。这回我去了趟鼓山涌泉寺，我给几个朋友都推荐过福州鼓山涌泉寺。在入庙门前，有个喝茶铺，静静地在凡尘里喝会茶，再转身到净土。长庆如来无二种语，庆问："什么是如来语？"保福云："喫茶去。"想想也是好笑，两位都是高僧，还和小孩一样要论高下，那么深奥的问题，答案竟然是："喫茶去。"

如果今天没什么事，我们现在就喫茶去。

■ 创业十年后，我才明白的 12 件事

所谓的"向上社交"。

年轻的时候你有自己的青涩，有自己的不成熟，但你有热情、靠谱、踏实，你做事情有悟性和灵气。在比你厉害很多的人面前，只需交流一段时间，对方就能感受到了，他们的目光看起来虽不犀利，却能把人看透到骨子里，可能你自己都没注意到，他们甚至会觉得好像看到年轻时候的自己。

"向上社交"的核心是先把自己做好，你自己要做到足

够好。相比你要社交的对象，你不一定知识比他多，不一定阅历比他多，但是你的拼劲、勤奋、做事情的踏实以及周至全面的思考，身上散发的灵气，一定能感染对方。

大佬们是稀缺资源，稀缺资源肯定不是躺平就可以得到的，而是需要通过竞争去获取的。他们一天要见很多人，一般有机会得到会见的人都已经是比较优秀的那一波人了，你该怎么在这一波比较优秀的人里面表现得又相对更突出一点呢？忽略了这一点，而寄希望于通过认识到更多的人来抓概率，是没有用的。年轻的你如果足够出类拔萃，基本上能遇到一个抓一个，抓个三五个其实就够了。如果自身不够优秀，遇到十个都抓不到。一个人不仅要努力成为第一名，而且要把第二名远远甩在身后，这样才能真正地脱颖而出。

年轻人看得到希望就不会躺平。

年轻人躺平并不是他的内心想躺平，很多年轻人都不怕体力上的辛苦，比起高强度地做体力活，他们更怕看不到希望。不知道希望在哪里，不知道未来在哪里，不知道这种没有希望的日子要过多久，转机什么时候到来，明灯什么时候会亮起来，那条船什么时候过来……直到后面无以复加时才真的会不得已躺平。有的人认为躺平就是不思进取，但不知道别人躺平的背后付出了多少努力。

所以一旦有了躺平的想法，首先是要给自己找到希望。

做上班族还是创业者？

选择上班还是创业，有个很重要的标准是眼下的工作做得怎么样，如果眼下的工作已经做得非常出类拔萃了，我觉得可以考虑创业。但如果眼下的这份工作成绩在整个公司或者在整个同行里属于很一般的水平，客户不是很满意，老板也不是很满意，那就先别去创业了。

从上班转换到创业的前提是你已经是整个公司某个领域的担当了，是公司甚至整个行业中比较厉害的人物了。给人打工这个小庙已经确实容不下你了，你才可以出来自己当老板。我还没有见过哪个人工作表现一般出来创业能很成功的。

不一定要挤到大城市。

选择城市往往是在考虑产业集群和城市氛围，比如做文创可以选择成都和长沙，做电商可以选择杭州，做金融可以选择上海，做鞋服食品可以选择广东、福建。不一定要迷信大城市，我见过很多在老家或者在小城市里一样做得不错的人。大城市里人才多竞争压力大，年轻人得到的锻炼往往是整个流程中的一个环节，很符合职业经理人成长的路径。而小城市规矩少，得到的锻炼是全方位的，杂而琐碎，很适合培养创业者的底色。

和做得比说得好的人合作，不再因为传闻判断一个人。

选择合作伙伴是创业路上最大的成本，合作伙伴要选择务实的。有些人讲得非常好但真正做起来的话会打折很多，反而是很多讲得一般的人真正做起来会做得非常好，做得比说得好，这点非常重要。务实的人，不一定说得多好，但做起来往往会更好，选择这种风格的伙伴，内心会比较踏实一点，他可能会超过预期，也可能刚好符合预期，但不会差预期太多。当两个人都想着动动嘴就能四两拨千斤时，那这个四两从哪里来呢？当然还有些人能说得很好，也能做得不错，那就实在难能可贵。

以前经常听传闻判断一个人，别人的评价很容易影响我的判断，后来我才明白一个人是不可能对所有人都好的，对这个人很吝啬可能对另外一个人很慷慨，同一件事情，这个人的事情他不肯帮忙，另外一个人的事情他却很热心。我们听到的都是片面的评价，别人在判断他，他也在根据不同的人用不同的方式对待。

年轻的创业者是不可能准备充分的，只能努力度过起步阶段的困难期。

刚进入社会就去创业的人再怎么准备都是不够的。一上场就会发现这个没准备，那个没准备，所以可以更大胆一点，反正既然怎样都没办法准备充分，那就边做边成长好了。做了可能会失败但也会成长，不做你一直会有遗憾，会有后悔。所以创业需要勇气，即便不确定，不清晰，不完善，也要去行动。

既然选择了创业，对困难肯定早已经预期好了，只是很多事不会按照你预想的来发展，现实往往比预想的困难得多。人生如油条，不受煎熬不成熟，但煎熬久了也就成了老油条了。创业起步期一定要多跟欣赏你、理解你的人在一起，他们是那样地欣赏你，你说的一切他们都惊呼"哇！好厉害"，你自信心满满，接着又会觉得不能做不好啊，动力满满。

不要对外声张，先默默努力。

当你宣布创业的那天，告诉大家你当老板了，你就不再是以前的自己了。刚创业像摸着石头过河，是你自己在摸石头，自己在过河，过没过去、过得好不好没人知道。而当一个年轻人宣布自己创业的那一天，你是一个老板，你管了一家公司，很多人就对你的眼光也不一样，大家对你的期待值会更高，认为你现在已经当老板了，应该是更有能力了。摸着石头过河的细节没人知道，创业时的我们都会很在意别人的眼光，有时候经历过几次挫折后，身上承受的压力就变多了，甚至会有一些自我怀疑。所以我觉得可以自己先默默做，有点样子了再对外说。这样心理承受力会逐渐变强，也能给自己更宽松的创业环境。

克服社交媒体带来的焦虑。

社交媒体的信息看得太多也会增加自己的焦虑，特别是人在低谷的时候，在社交媒体上看到大家都好优秀，很容易就赚那么多钱，事业家庭都那么成功，而且一切都看起来那么容易，无形中你就会觉得自己跟别人差距很大，就会产生某种焦虑。

以前优秀的人和普通人的差距也一样非常大，但信息不那么发达，你不觉得优秀的人有那么多，也跟自己的生活没关系。现在社交媒体打开，你会突然觉得周围都是很厉害的人，怎么大家都那么优秀。

我也一样需要去克服自卑感和焦虑，我时常会想优秀的人那么多，创业那么容易，生意那么好做，自己努力了十几年，到底在干吗？

拉开人与人之间差距的是眼界，开阔眼界的三个方法：看书、找名师指路、看世界。

小时候老师说在太空看地球，可以看到长城，像一条皮带，学生们基本都信了。

具备好的眼界能够看出什么是好什么是不好，什么样的人虽然正在辉煌但基本要走下坡路了，什么样的人虽然才刚刚要起步但潜力巨大。当你的眼界足够高就会做出许多比较好的选择，选择优先做什么，不做什么。比如有些人会认为应酬接待比较重要，就会选择花很多时间在应酬接待上；有些人觉得提升各种才能重要，就会花很多时间在自我提升上。

眼界不同，选择不同，你选择了一，往往意味着放弃二，然后差距就慢慢拉开了。同一件事放在不同时代的标尺下，会有截然不同的评判，今天是错的，几年后可能是对的；今天是对的，五年后可能又是错的了。

追求工匠精神要有个度。

有些人崇尚完美主义，追求工匠精神，经常忽视了对度的把握，忽视了这种精神对工匠本身的极高要求。追求工匠精神要有一颗很淡定的内心，追求工匠精神，你的成本会高，起步更慢，需要经过比较长时间的沉淀，直到消费者认可才算数，而不是自己标榜自己是工匠精神就是了。工匠精神更多时候代表的是对细节和品质的追求，以及爱惜之意。

成功和失败都是一种注定。

有些人，只需看一眼你就知道他注定很难成功。而有些人的成功则仅仅是时间问题，要么是在今天成功，要么是在明天成功，总之这样的人，他一定是会成功的，因为他的品性，做事情的态度，想不成功都难。我们是一样的吗？或许现在是，相处久了，你就知道不是了。

赚到第一桶金后要多花一些时间在看世界和阅读上，生活中依然保持勤勉刻苦。

看世界不是旅游，走过、路过、拍过照，然后很多都忘了，剩下的印象就是自己的了，阅读也是在许多知识都忘记之后，剩下的东西才是自己的。生活中，不需要的部分拿掉后，就是自己的了。虽然年轻的时候我们很喜欢那些绚丽的可以炫耀的东西，这是都会经历的路，但差不多，就收收心，很多东西一辈子其实都可能用不到，财富带来了体面，也容易给你套上枷锁。

3

越是没有资源时越要努力打拼

3.1

创业是永不停息的马拉松：没有准备好就不要开始

■ 创业是一场永不停息的竞赛

长街的一端，是时势造英雄的磨炼场；长街的另一端，是时代英雄的受礼场。大部分人渴望从长街的一端走到另一端，仿佛只有这一条路。

一个公共赛场，陆续有人赢了进场，有人输了退场。

有人一入场就是种子选手，光芒耀眼；有人财大气粗、气定神闲；也有默默无闻之辈为了博得更好的未来，准备在赛场中拼上自己眼下的一切。

开放式的公共赛场，自由进场，自由出场。许多人乐此不疲，看客们也跃跃欲试，不断有人输了出局，不断有更多的人入场。

优秀的选手可能不是一开始就是英雄，但大都很早就显示出英雄本色，随着竞赛的推进，不断去完善和反思，不断升级自己。每一场竞赛，在赢之前一切总看似不可能，赢了以后，一切又似乎没那么艰难。

在赢家当中，有的人靠造势获得更多财团的支持，并通过资金上的巨大优势碾压对手；有的人靠超群的个人技术昂首阔步；也有人靠夜以继日地长时间辛苦作战慢慢积累起地盘。那些默默地入场然后通过努力作战不断积累技术与获得财团支持的人，他们实现了逆袭，成了人生赢家，也成了英雄人物。

虽然这是万里挑一的机会，却着实鼓动着越来越多的人涌入。只要有一个人成功，就会有更多人跃跃欲试，大众会对失败者选择视而不见。

你想选个人一起去比赛，终于有个人引起了你的关注，他这一路都很成功，你想跟他一起并肩走好接下来的路。你问他之前怎么赢得那么轻松，他笑笑说还好。你先前听旁人说他拿了怎样的支持，他的队友多么优秀，你以为他一路走到这里，客观条件肯定都很好。后来在一起久了，你才知道其实他之前的创业之路并没有想象中的那么好。那他是靠什么留在这赛场上呢？你也在思考，终于不是以一个局外看客的视角，思考之后你明白，他只是在条件不好的时候没有选择破罐子破摔，没有理所应当地接受、躺平，而是奋力挣扎着前进；在局面不断转好变成优势的时候，也没有飞扬跋扈，而是跟之前一样，温和细腻地前进。

这公共赛场就如同这个创业的时代：参赛选手是创业者，财团是投资人，还有团队合伙人在密切关注着。如果这个团队成功了，背后都会有说不完的励志故事和幸运时刻；如果这个团队失败了，曾经所有的故事都不值一提。

选择创业，选择加入这场竞赛，一开始是勇气可嘉，努力一阵子不难，在困难中前行一段时间也不难，难的是不知输赢如何，也不知道要坚持多久，仍继续谨小慎微地去勤勉刻苦。一路上外部环境变化很快，不同时期都会有不同的风口和英雄出现，我们时常在思考是该坚守初心往一个方向走，还是应该及时调整方向。

长街的一端，是无穷无尽的人潮；长街的另一端，是人潮疏离后形单影只的英雄。但他一定不会是最后一个被记住的人，当下纵然只有一个万里挑一的机会，也不缺后来者。

■ 偏偏你还在创业

随着市场竞争不断充分，各种各样的声音此起彼伏，可是偏偏我们都还在创业的路上，很多时候我们选择这么努力也只不过是想不被时代抛下而已。

广州有位学兄，经营着一个餐饮连锁品牌，拥有几十家门店，却自嘲被逼成了线上销售员，他和我分享了一句话："有志者自有千计万计，无志者只感千难万难。"我记在了心里，还加上了自己的体会，即"悲观者总是正确，乐观者往往成功"，我想这就是创业者该有的精气神，凡事，我们都想着怎么做才能变得更好，遇到各种困难尽量去克服，不断精进，遇见更好的自己。

因为身处打造品牌的创业领域，遇到了几个品牌的CEO，听他们讲各自面临的境遇，我自己其实也在探索中，也没有最佳答案，只能建议他们再去读《孙子兵法》，精确地计算得与失。"五事七计"是发兵之前的庙算，先考虑自己能否承受庞大的开支，"然后十万之师举矣"。为品牌进行投入的时候尤其如此，胜利是有代价的，为了成功投下去的代价是什么，预计需要多久能见效，不见效又该如何，何谓"兵贵胜，不贵久"？这些都要仔细推敲。

再者，取得阶段性的成功后，下一轮的扩大投入又应该怎么部署。"不知用兵之害，则不能尽知用兵之利也。"不断膨胀的欲望让人更多地看到了竞争的利益，而忽略了竞争的危害。不断打下去，内功没练好后续跟不上或者消耗太大，就算最后赢了还是陷入困境。经营企业也好，培育品牌也罢，都值得好好地去思考。

人们往往习惯看到善攻者动于九天之上，却容易忽略善守者藏于九地之下，自我修炼内功的同时看淡外界浮华，保持那股引而不发的坚韧。自媒体上有很多刚刚毕业就资产过亿买了劳斯莱斯、刚做品牌就销量巨大的账号，大多都是为了吸引流量打造的人设，收了各种会员费鼓动了很多人，把成功说得太轻而易举。其实走江湖，不是那么容易的。

蛟龙未遇，潜水于鱼鳖之间，人有冲天之志，无运不可腾达。三分能力，六分运气，一分贵人相助。等待时机选一个好的节点很重要，有些事情在关键节点需要些运气和贵人助胜。在时机未到的时候，强攻可能也会成功，但是你要清楚成功的代价。外在守势时，你应该先稳住阵脚再图谋发展，把为人处事和专业积累这两件事做好，等待战机。或者协助身边的好朋友把事情做成功了自己再发起大的冲击，所谓贵人相助，也需要我们去助力贵人，贵人自身发展好才能为你提供帮助。

时代的一个小波折，落在个人头上，就是大浪；时代的一粒尘，落在个人身上，就是一座山。创业本身是在不确定中前行，创业者既然选择创业就要不惧怕不确定性。希望我们还是好好加油，做好自己，和上下游协同合作好，惺惺相惜，建立更强的信任和更顺畅高效的合作。

汇源遭遇危机，良品铺子上市，回望十几年前汇源如何兴盛而又有谁知道良品铺子，江湖迭代累积在每个不经意的日夜。

"俱往矣，数风流人物还看今朝。"许多成功的或者不成功的案例，都是过去式，大厦纨绔会倾倒，微尘扬于顺风也能石破天惊，未来的佼佼者还是要看当下努力奋斗的人。

■ 创业中不曾对外说起的几句心里话

创业过程中压力大吗?

创业过程中的压力,既包括企业的各种经营管理业务这些看得到的压力,也包括一些看不到的压力,比如有时候突然觉得自己在一个领域做久了会有点江郎才尽,做事捉襟见肘。比如有时候觉得35岁过后很难交到纯粹的真朋友了,但老朋友联系又少,也各有各的忙,很多时候会有种难以名状的落寞。试想,有时候沉浸在一种压力状态下,如果能有人和我一起做些轻松的事情,注意力就会转移,可能很快就柳暗花明了。如果自己一直钻牛角尖，就总觉得山穷水尽而无法自拔。

没有什么永远属于你，除了你的经历。

不论是马尔克斯的《百年孤独》，还是刘震云的《一句顶一万句》，面对很多经典的小说，我们看到的是当下，但其实是作者对一些经历的收集和落笔。财富不会一直属于某一个人，亲友也总有悲欢离合，只有我们的经历才真正永远属于自己。你每一次与机会见面，你的准备就是你之前人生经历的总和，一五一十地体现在你的言行和心性里。

站在优势的位置做事情。

抬头仰望久了脖子会酸，同理在弱势位置做事情做久了，自信也会被消磨掉。如果有得选，你要站在优势的位置做事情。比如一个是发出标书的品牌方，一个是参加比稿的广告公司，品牌方的人往往处在更具优势的位置，在优势位置看事情，你的角度会更全面。

情况往往不如预期，困难是常态。

很多事情看着都不难，真正去做时，你就知道很难很难。往宽了说，做好产品好像不难，但做好了产品不代表你能做好企业，甚至连一个小小的门店都不一定能做好。往窄了说，单纯做好产品好像不难，但把产品做到出类拔萃且效率高，实际上很难，苏炳添说成绩提升 0.01 秒花了他 3 年的时间，很多事情在雾里看花时都是比较简单美好的。尽管你做好了面对困难的准备，但很多时候实际情况往往比预期还难。我在厦门开了一家自有品牌的线下饮品店，不论是开门店的过程、装修的过程，还是选产品、做产品的过程，都比看到的难，这些都还没涉及真正的难，真正难的是经营，把门店装修好，把产品做好，不代表门店就能经营好。

理性看待培训班。

很多培训班往往善于一下子把你的胃口吊起来，让你想近距离了解，后面发现跟想象中的不一样。了解了这个事情，跟你能做这个事情的距离还很远，还要继续不断提升自己。

后来我就很少参加一些商业的课程了，好几万的课程，听起来挺兴奋的，过后好像忘了学的到底是什么，也不知道该怎么落地。我反倒觉得把那么多钱和时间用于跟身边一些在商业上取得比较大成就的前辈交朋友或者虚心请教上，反而能获得很多实际的经验和建议。

不要总想着跳出舒适圈。

很多人说在舒适圈会变成温水煮青蛙，其实我觉得人不应太疲倦和吃力地去做某件事，很多创造力是在舒适的时候才会产生的。也没必要去乱折腾，很多事情表面上看起来很容易，真的去折腾反而会落个吃力不讨好。没有很大的把握，或者不到确实不得已，就不要乱折腾了，在舒适圈里施展才华，有时候也会取得很大的突破。

关于朋友的几点感受。

好朋友就像夜空里的星星，你知道那两个永远是你的朋友。不一定经常联系，但你知道，他就在那边。你们互相明白，有时候是聚光灯下的忙碌，有时候是鲜花背后的艰辛。

书上说交朋友"贵乎义也"，也说"君子之交淡如水"。真正的情谊不会随着岁月流逝，也不会因为很少见面而褪色。节日里的祝福短信都很长，好朋友的问候却很简单——"节日快乐""同乐"。

公允的建议要珍惜。

年纪越大越难做到不耻下问，问了怕人笑，有包袱了。很难能有人愿意给别人真正中肯公允的建议，如果有，我们一定要珍惜。一旦有了利害关系，建议便很难公允，因为或多或少会有些偏向，你去外面上课，老师跟你说回去要去注意什么，其实很难做到公允，因为对方就是教这个的。一个事情做不做，你问供应商，有时候也很难得到公允的答案。而且公允的建议有时候容易导致忠言逆耳，容易引人不适，所以遇到能公允坦诚地给你建议的人，你一定要珍惜。

想做什么就立即去。

想做什么就抓紧计划，安排好行程就出发，很多事拖着、等着，等有了时间了又有其他的事情牵绊着。以为优秀了就会很幸福，其实优秀到哪里才是个头呢？不如早点开始过幸福的生活，现在就开始启动幸福的生活模式吧。

不要太热烈，最美的是花在将开未开时。

《人间失格》里有句话："无论对谁太过热情，都会增加不被珍惜的概率，若能避开猛烈的欢喜，自然就不会有悲痛来袭。"就像学生时代的爱情，投入真爱的人如履薄冰，被爱的人往往有恃无恐。所以我一直觉得，很多东西淡淡的就很好，平淡才能隽永，太过热烈的就像已经绽放的烟花，最美的是花在将开未开时。

形势不对，早点止损，重新再开始。

我们一直被教育做事情要坚持，其实做生意和个人进修不一样，个人进修要坚持十年磨一剑，做生意呢，如果坚持了一段时间还没看到什么希望，就应早点结束。我看到很多传统的企业本来已经不大行了，但一直借钱来强撑着，结果后面沦落到背负巨额债务，当时若早点关掉就不会这么惨。我们听过很多以少胜多的故事，但大部分时候以多胜少才是常态。

很多事情都有两个版本的结局。

有一年，指导过电影"前任"系列的田羽生导演来厦门，说起了一个话题：很多事情都有两个版本的结局。就像一对恋人经历了很多开心与不开心，结局可能会在一起，也可能会分开，结局不同，回看过程时体会也完全不一样。一场球赛有那么多的回合，最后的绝杀球可能会进，也可能不会进，结果不同，评价这场球赛就是完全不同的版本。恋人之间，先是男女之间的互相喜欢，接着是说得上话的好朋友，同时一定带着携手江湖的兄弟义气。至于最后是在一起还是分开，很多时候就像球赛最后时刻的绝杀球，进或不进，老天说了算，我们能做的就是做好过程里的每一个回合。

不在一线流汗，学不到真功夫。

很多人都指望有人点一下就能会，其实很多事情有个量变到质变的过程，这个过程是持续的，不断精进的。同样是打扫卫生 365 天，如果每天用同样的方法，就很难进步；如果每天都想着用什么方式可以使效率比昨天更高，就会每天都在进步，365 天后，这个人肯定把打扫卫生的工作吃得非常透，效率也远远高于一般人。

3.2

找到和你同频共振的那一部分人：
带团队的人要有鼓舞人心的能量

■ 创业有时像手无寸铁的女子在保护自己的孩子,泼辣豁出去

许多人跟我说:"生活中看着话不多且温和的你,为什么工作时会变得这么严苛强势,作风过于强硬,应该只有你自己觉得自己在工作中不会凶了。"我们总是太过在意自己在外人面前的形象,打扮得漂漂亮亮地去见客户和陌生人,却随随便便不修边幅地见自己人。

带着这个问题,我在想是什么造就了我眼下的样子,明明想做个温和的人,怎么会成了同事眼中严苛的人呢?

刚创业时，事无巨细都要靠自己抓，生怕哪里出现错漏，为了审核合作方案，我都会提前再多一轮确认优化，同事凌晨几点完成我就等到几点，然后确认再修改，完稿后直接开车到客户那边沟通，尽量每次都做到超出客户预期。有一回跟客户沟通后，回程时已是中午，我原本只是想在服务区休息一下，结果醒来时已经黄昏。初创时的伙伴们基本都是半路出家，没有谁一开始就特别专业，但是我们一同面对了初创的点滴与创业的汗水及成长。有些感情早已超越同事成了兄弟姐妹的样子，所以一方面是亲人般的期望，一方面是迫切需要学习成长的现实，所以一步一步走起来，我确实过于严苛了些。我总是说，大家不一定会共事一辈子，但是希望大家不论走到哪里都能带着这股努力奋进的精气神。

有时候想想自己，草根出身的创业者，就像一个手无寸铁的女子，为了保护自己襁褓中的孩子，多多少少有一份泼辣跟豁出去的感觉。

再后来，我们取得了一些小成绩，开始有厉害的人加入我们，我对大家提出了更高的要求，高手过招，胜负往往只在毫厘之间，所以我总希望可以做得更好。而带团队的人，既要有专业能力，也要有鼓舞人心的能量。后来我也走了一些弯路，有伙伴问我："桦龙，我们是不是考虑只需要按薪资匹配就好，这个人拿这份薪水对得住的他的劳动，这是市场规则，我们就差不多这样吧，现在正是用人的时候，什么努力啊，什么鸡汤啊，什么能量啊，咱们先搁一搁。"因为这话，我思考了些日子，有些人觉得精神层面的内容很虚，有些人觉得精神具有巨大的力量。所以后来我在朋友圈说："其实自己不是很好的生意人，或许更适合做一个写文字的人，只对笔下的文字负责。"而且，我凭什么去干涉别人的思维，要不要努力上进是每个人自己的选择，跟我又有什么关系呢？拼与不拼，其实也没对错之分，本来众生皆苦，每个人都有自己的不容易，我一副苦口婆心的穷酸样子，跟别人唠叨个什么？何况在用人之际，要扩张，更需要包容。

如果只是做个生意人就好了，因为这是市场规则，合情合理。可是偏偏，太年轻的时候，我的心里总有一个纠结过不去，总有份理想主义。如果没有那份一起上进的情感，我们就是一种单纯的生意关系，是不是薄凉了些，相互没有太多的要求，每天都是相互升不起温度的样子。

后来我跟几个同事开会，做了一些决定，而我的决定后来再看其实做得不够好，这是我第一次做这样的事情，当时的我还没有被现实打磨过，满脑子都是理想主义的花朵，对没有很努力的同事和没有很学习上进的同事提出了严肃的批评，其实在其他人看来，他们已经足够优秀。只是我对这份事业看得太重，对自我要求太高，也无形中把这份要求强加给了他们，因为我明白，虽然被捧为新锐，但如果不够努力、不够上进，很快会被时代抛弃，等到被时代抛弃时再努力就很难了。

3.3 创业时该打造什么样的核心团队：
我们之间应该有一种信，人生大信，
力道厚重

■ 我们需要怎样的核心团队

我们一起在一条船上。有人说，这条船的毁灭率高达
95%，可我们还是起航了。

老板是船长，联合创始人、高管们是核心成员。船长的
使命是人在船在，危难关头独自逃生是要被千夫所指的，甚
至自己也不会同意自己逃跑。核心成员在道德层面上有时也
会被抬升到船长般的标准，至少人们期望如此，一切看着壮
烈些。人性有时候蛮奇怪，尽管是无谓牺牲，但都比四散逃

生来得壮烈。

当然，现实与理想并不相同，尤其是现在创业的海洋里船越来越多，难度越来越大，团队成员的流动频率也越来越高。作为创业者，我们有时候是拿命在拼，我时常反思，我们究竟需要怎样的核心团队呢？创业公司面临的一个大问题是，越培养一个人，越送去国外学习和进修，等这个人视野更好了、能力也更强了，可能很容易就骄傲起来，或者更容易得到更多人的关注，也容易被其他地方的位置吸引，或者更想做自己的事情了；不培养呢，成长又跟不上，他只能重复做一件事，作为创业公司的老板，如果有很强的心力跟团队凝聚还是可以支撑的，但往往后来事情越来越多，没有那么多的心力跟团队交心，就面临着两难的局面。越是培养一个人，往往等于把这个人越往外面推，或者需要花更大的代价留住这个人。

我在许多场合分享过自己的创业经历，其实我自己都还没有很成功，也还需要不断学习，被邀请做分享时总有些忐忐。因为我并不确认自己的想法一定是对的，但我还是尽量把我所经历的、所思考的分享出来：

明确定义核心与非核心成员。对不同的人有不同的要求与标准，有些人习惯上进拼搏，有些人适合过安逸的生活，每个人的承压能力也不同，所以在团队中要加以明确的区分。

核心团队成员一定要能够承受委屈。因为创业过程中的事情非常多，老板每天面临那么多问题，总有照顾不周的时候，如果一点委屈都受不了，实在难以合作。在一起那么久，总有不公的时候，如何能保证永远的公平呢？有些不公、有些委屈需要核心成员独立地去消化。

主动沟通的能力。面对一些委屈，藏在心里什么都不说，等分开时说一大堆，其实为什么之前不说呢？既然是主创成员，就应该把自己当大人看，不再像小孩子那样什么都不说，有时候老板的事情多了确实不一定能发现问题，这时候需要主创人员具备主动沟通的能力。

抗压能力。抗压能力是创业团队必备的能力，因为是核心成员，理所当然会承担更多压力，没什么好抱怨的。不然凭什么你会是主创，凭什么日后你会有红利呢？

同时，一份感恩谦和的心态也是不可或缺的。在创业团队中，谁的付出都不会少，若只看到自己的付出，是不适合一起创业的。当你在思考为什么老板拿的最多、享受最多时，只要能想到，遇到风浪谁先去顶，船破的时候，谁在最后下船，你就会平衡了。

许多事情，都不会只是表面呈现出来的样子。表面上能看到的都是浅显的。任何事情本身都是一种优胜劣汰，失去机会就是失去机会了，尤其是对初创团队来说，不同的选择之后就是不一样的人生道路。事实上，我相信每一个创业团队都经历过一段迷茫与困惑时期，有人最后会选择离开，有人选择放任自己怠工导致工作质量下降，有人选择调整之后留下好好工作。有人一直走到最后公司还是失败，有人一直走到最后看到胜利的果实。创业成员之间如果没有经历过委屈的洗礼，若是我们如宠溺小孩一般来相待，只会让大家都很辛苦，都不是小孩了，既然 95% 的人会失败，我们就是为了在夹缝中求得生存，大家都理应多付出多努力一些。在态度上，生活是生活，工作是工作，私交再好，工作不行就是该严格处理，不是一时兴起，是一个人一辈子的态度，遇错不教，纵容即是过错。

创业需要向前冲的团队，在丛林里参加夺旗作战，我们无法回头去拉那些掉队的人，我们甚至需要孤独地往前战斗，一旦懈怠，旗就是别人的了。有些公司是优势公司，他们可以不向前冲。而创业团队呢，我们只有往前冲，因为我们不冲别人会冲，我们不行别人会行。因此在那么纷乱的状态下，实在会有些地方关照不多、不够，不是不想，实在是容易关照十个落下一个，最终角度还是聚焦在没有被关照的那个位置。人有时真的很难做，既然一起创业，我们真的需要多一些相互理解。换你来主事，其实不一定会好多少，既然如此，既然一起创业，相互多一些理解是许多创业团队主事者的心声。

如果连一时的不公都无法忍受，我们又如何相信他能真心认为团队利益高于个人利益。公司利益高于个人利益，这或许是很理想化的状态。对，没错，就是这么理想化，所以95%的人做不到，大部分的公司要破灭。为了生存，想在夹缝中求得生存，甚至想取得胜利果实，我们就只能逼着自己去做到。没有团队协作，公司又如何做好，做不好公司，我们又如何有能力让那些一直在付出的人成为成功者。

经商创业，本身是一个很难的选择，需要相互的理解，而我自己只知道一直努力去做，我坚信只有一直很努力，加强团队协作，我们才能成为夹缝中求得生存的最后的5%中的一员，这是我们大家共同的目标。我们之间应该有一种信，人生大信，力透厚重。我们总需要对我们的团队报以感恩的谦和之心，我们那近乎严苛的要求，不只是为争高下，因为那决定着一家公司的生死，所以有些时候的严苛，实属不得已。严的是表面，内心却是疼惜的。

3.4 选产品要结合自身环境：很多东西不是刻意追求来的，更多的是妙手偶得

■ 作为创始人，我怎么启动一个新品牌

普通人初次创业时是否要追求产品创新?

我认为大企业应该有这个责任和担当，但如果是小企业的创业者在初期一下子去做一款创新产品的话，我觉得这样会太盲目。因为你并不清楚这款产品会不会适销对路，而一旦不对路就将全军覆没。初创时候选产品，我比较推荐的方式是去找一款已经在市场上被接受了的产品，在上面做点小的提升和优化，这样更容易获得市场的认同，也更容易打开

这个市场。因为它毕竟不是一个全新的产品，但是它也不是旧的，它是在原有的基础上做了一点点提升的经过仔细打磨的好产品，我觉得这是非常重要的。

如果没做好选择就去打磨，推向市场后不对路，那就会进入进退两难的境地，甚至创业就此搁浅。

当然如果你是在大企业中孵化新品牌，那么作为一家大公司，我觉得应该担起企业的社会责任，而且大企业本身也有足够的能力去做一些创新的尝试，就应该多去引领市场，去做很多别人没做过的东西，去做测试。而小企业，初创公司就应该去做一点迭代，做一些升级。

尊重用户的心智。新的环境下，做一个产品，需要你真正地把你的用户当作一个心智健全的人，你想发自肺腑地去跟他沟通。

我提出来的"文艺与商业融合"，其核心就是如果你做一个商业项目，只谈商业的话就显得有点太薄凉了，如果只谈文艺又会让人觉得不接地气，很缥缈。所以"文艺与商业融合"就是在商业上把用户当作一个普通人，一个心智健全的人，一个有独立思维的人，而不是想着用忽悠的或者很生硬的方式，比如就靠纯轰炸式的洗脑，来让用户接受你的产品和品牌。

同时，给你的品牌加一点文艺的气息，能够方便用户来了解和理解你，而不只是靠四处轰炸，不断洗脑的方式。不断洗脑的方式对于初创品牌来说成本太高，可能很多人知道这个品牌，但不一定会真正地认可和喜欢。总之，初创一个新品牌，尊重用户，多花心思好好和用户交流，借助一些桥梁，借助一些艺术，借助一些文学，或借助一些简单的文案，让用户了解你的观点和态度。

有匠人精神只是做好一个品牌的基础。光有匠人精神是不够的，如果有匠人精神就能成功，那么大部分人都能做出一个属于自己的品牌。做一个属于自己的品牌，匠人精神只是基础中的基础，还需要你有一定的市场能力、品牌能力、融资能力、供应链管控能力和营销能力。在很多维度的能力中，匠人精神只是其中的一个部分，所以不要高估匠人精神的作用，也不要高估自己产品的优势。

特别是对一个新品牌来说，如果创始人觉得自己的产品已经打磨好了，想要卖得贵的话，那市场接触度就会慢一些。这时就需要创始人有很强的管控能力，既要保证产品足够好又要能管控好成本，提升效率。做一个品牌要考虑的事情非常多，做好产品只是一部分，而且存在很大的不确定性：不确定团队内部认为不错的产品能不能过得了消费者那一关，市场会不会喜欢；过了消费者那一关，在市场中就会引来很多的竞争者，比如，其他初创企业跟风，甚至被大企业盯上，大家就开始竞争，如何竞争得过，这又是另外一个很重要的课题。

在整个初创品牌发展的过程中，你可能需要很多资金，这时候你该怎么去融资，也是很复杂的问题。另外，你会需要很多人才，这些人才该怎么融合在一起，怎么去挖掘，怎

么让大家能组成"1+1>2"的团队。直到品牌的发展有一个
阶段性的成功，那后面的发展方向又是什么样的，怎么再提
升续航能力，怎么再不断地去取得一些成功，这又是一个个
新的考验。

把产品包装当成作品，如何提升作品的内涵。

作为一个品牌创始人，要不断提升自己的审美能力，因
为你的产品在不断地和市场接触，你的个人审美倾向很容易
带给品牌某些烙印，尤其是在初创期。

我们欣赏一个作品，一定不是在盯着作品本身。比如，
我们去看蒙娜丽莎的微笑，不是说她的微笑有多漂亮，更主
要的是其背后代表着整个欧洲文艺复兴之后，第一次把人从
神的笼罩中解放出来，以前的画作都是在画众神，这是第一
次把目光聚焦在一个普通人身上，所以这幅画背后意义赋予
很大的力量。我们去看拿破仑加冕图，非常大非常长，300
多个人物在一幅画里面，既非常好地表现了拿破仑加冕的仪

式，同时还把当时法兰西帝国的繁华都表现出来了。一幅画里，每个人物的状态又各有不同，包括拿破仑和约瑟芬的爱情故事，都会赋予作品内涵。所以我们欣赏一个作品一定不要停留在作品本身，要去挖掘它背后的寓意，这样会更隽永一些。我们做产品时一定会经历产品的包装、产品的设计等流程，在审美上，在背后寓意上，都需要创始人去花心思。

有些作品，你猛地回头会发现，第一次看它的时候，自己是多么肤浅。好的作品往往不是一开始就很夸张和怪异的。我们会长期觉得一个作品美、耐看，这种作品往往是厚重且有张力的。有些作品不一定一开始就很吸引眼球，甚至可能一开始是那么淡雅，不是那么起眼，但你后面会觉得原来它是这样子的，它的美在这里。另外，如果能有一定的历史意义、一些故事在一部作品里面，效果可能还会更好。

我认为一个好的产品概念和包装设计，核心是要表达一种精神内核。品牌的包装设计，表达了一种价值观，它给人一种灯塔感，比如"小白心里软，不爱乱添加"，很多人都是刀子嘴豆腐心，就算真的是刀子嘴，大部分人的心里都很软，往往还是因为关心这个人，所以心里软是一种灯塔。比如"每天美益点"，用来宣传滋养产品，美和健康其实也是一种灯塔。

好的产品包装，需具备价值传递的能力，像远方的灯塔，这样会隽永一点，会历久弥新一点。

好的审美，是穿越周期的审美，能够让你看了千百次，你都觉得惊喜，看得越多你越觉得原来它美在这里，我当时竟然没有发现。

以终为始，曾经销量好的品牌为什么突然没存在感了？

像背背佳、脑白金，我觉得这类的产品也算得上一个品牌。很有多人知道它，也有很多人买过它的产品。只是我们再去回头看，这类品牌能不能穿越周期——5年、10年后，用户还是很喜欢你。我觉得这是一个新品牌的创始人在初创时要去考虑的，即品牌和销售的一种平衡与取舍。我们看到许多电商排行榜，那些卖了好多亿元的产品，5年后、10年后，还会是品牌吗？

我觉得很多时候是打问号的，当然我们有时候会认为卖得好就是品牌，但我们也会看到很多品牌都很小众，殊不知它经过了几十年甚至上百年的考验。

所以一款产品在有了基本的销量，取得阶段性小成功后，我们就要去考虑如何穿越更长的周期，如何构建好品牌，品牌的价值在哪里？灯塔在哪里？审美在哪里？

品牌广告的终极目标是什么？

我觉得品牌广告的终极目标是让品牌在商业竞争中获得商业优势。当用户在面对同等价格的产品时，用户会更倾向于选择你的品牌，我觉得这个品牌的广告就已经成功了。

现阶段品牌广告中比较取巧的方式是结合人性中的某部分，比如一方面放大恐惧，一方面呈现美好愿景。为了达成广告的目的去放大焦虑和强化人们对更美好生活的向往，去给人一种提示和启发，让人想要去获得，这些技巧在一定的原则内或许无可厚非，但其实这是很商业的做法。大企业用铺天盖地的广告方式可能效果更明显，粗暴地把焦虑放大，然后用不断轰炸的广告模式，使用户随处可见这份焦虑。对于初创品牌来说，不一定能调动那么多资源去做大而泛的广告，那么比较高效的方式就是让广告具备文艺性，就是你温和地与用户沟通，发自肺腑地去尊重用户，同时花很多心思，让用户比较温和地来了解并理解你想要表达的意思，进而慢慢接受你的品牌。

投资人投资的是年轻时的自己吗？

很多投资人会说是，他会看到曾经的自己，他投的是曾经的自己，是年轻时候的自己。

创业者走到一定阶段都会面临融资的问题，新闻媒体经常报道某某企业一次融资很多亿美金，我觉得比较高不可攀。对于我们普通创业者来说，一次融资几百万元，然后在创业阶段能做到累计融资几千万元，是比较可能去实现的。

我自己经历过这样的阶段，我觉得跟投资人接触有这么几个很重要的点。大家都说投资人在投资时是看人，但我觉得除了看人之外，还有个很重要的部分就是你要做的事情他比较认可或者是他也曾经想做这样的事情。比如你想做一款小孩子也能放心吃的食品，这个投资人以前也想过这些事情，或者他也觉得这件事情很重要，他也想去做一款自家小孩可以放心吃的食品，你跟他讲你想做这件事情时，会更容易得到投资。另外，很多时候投资人是在实现他曾经的理想，他以前想做但没去做，然后觉得眼前这个年轻人能做，这也是在验证他以前的想法，他曾经越想做这个事情，他越容易去投资你。比如某个投资人本身看好并且想去做一款女人吃了能滋养的、更方便的食品，但要花很多的努力，他也需要团队，需要有真正的操盘手。他可能当时有这个想法但没去做，你刚好说你想去做这件事情，那他和你就会特别投缘。

另外，我听到很多投资人说："他会看到曾经的自己，那个资源不完善，只有一腔热血的自己。"比如，他年轻时也想做这件事，但是后来因为种种原因没做成，今天有一个年轻人站在他面前跟他讲我就想做这件事，我现在可能就缺一些投资，你说这时候他是什么感觉？他投的是曾经的自己、是年轻时的自己，是那个彼时资源并不完善，思维也还没有很清晰，单纯想做这件事的那个自己。他现在很想去拉以前的自己一把，他跟你一定是相见恨晚的。几百万元级别的投资，我觉得感性的成分非常重，如果有感性部分的加持，相信你们的契合度就非常高了。

我曾这样度过迷茫期。

新做一个品牌，会遇到各种各样的事情，很多实际的困难，很多内心的惆怅和焦虑，有时候也会茫然、会迷茫，但怎么快速走出迷茫呢？我大体有两种方式。

第一种是找一些年轻人聊聊，听听年轻人的想法，然后问自己假设重新选择会怎么做？因为年轻人的思维有时候很活跃，无意间会给你很多启发。

第二种是去外面走一走，去看看外面的世界。看看别人在做什么，看看同行是怎么做的。刚创业不久时很迷茫，我去了朝日啤酒，也去了丰田、本田的工厂，去了保时捷的工厂，去了宝马的博物馆，去了奔驰的博物馆，看了很多企业和创新公司。

我们在太年轻的时候创业，根本没有想清楚自己真正想做什么，也没有完全想清楚自己的方向，很匆忙地就上路了。所以我觉得在那个阶段的迷茫期，我们应该多看看外面的世界，看看别人，看看百年的商业体系是怎么样的。然后我们去遇见各种各样的人，当我们去了一个地方，也会遇到一些师长、一些比自己厉害的人。他们可能就会跟你讲，你还可以去哪里。当你已经看了一大圈回来时，就会想清楚了，会更坚定。比如35岁时，我想得非常清楚后就变得很少出门。而面对迷茫期，成熟后的自己就会开始找到一些有做过这个领域的前辈，听听他是怎么走过来的，我眼下的处境，或许他以前也经历过。

如果还没有明确的思路，再找一座山去走一走，让自己静下来一两天，慢慢可能就会有一种不一样的感觉和体会。很多东西不是刻意追求来的，更多的是妙手偶得，好像就在那么一瞬间，你会发现原来还有另外一个思路。

初创时，可以安心做小而美，断舍离。

我觉得初创品牌，公司规模越精简，盘子越轻，我们可以有越多的时间去思考，去各地走一走、看一看，去做一些眼下看着不一定有用的事情。比如多去一些地方走走，多去拜访一些厉害的人。一开始不要背着很大的包袱，如果初创时一下子把自己的盘子铺得很大，你可能已经没有空余的心思和时间，去接收外部的信息了。那时，你可能慢慢就会变得越来越闭塞。但当我们想清楚了，决定要去做某个领域，思考得非常非常清楚，而且我们已经有一定的阅历和判断力时，我们可能会做得重一点。初创期一定要心无旁骛，就专注在一件事上，其他的就断舍离。

断舍离，有一些是容易的，有一些很难。

我觉得最难的是情感，其他的很多东西我觉得都能断舍离，就看我们在意的是什么。业务上的很多东西是可以断舍离的，比较难的是情感上的，比如亲情和友情。业务上的就是你觉得这个业务不想做了，或者没有热情去做这件事，这时候就赶紧断掉，不要继续煎熬着。因为过五年后再看，你还是觉得要断掉，所以业务上的断要快点断，不做了就马上停，要做就好好做。那判断的标准是什么呢？是我还有没有这个热情想好好去做这件事情。我没有看到哪个人做一件事没有什么热情，他又能把这件事情做好。那既然没有什么热情，又做不好，那就不要做了。心无旁骛地去把想做的事情做好就很好了。

另外断舍离的对象也包括创业伙伴，创业伙伴的选择是最大的试错成本。我当时在厦门做得有点样子了，就去外地发展，去一些我比较陌生的地方，就会比较不适应，也会比较容易踩坑，也容易遇见些你了解不多就开始合作的人。虽然前期可能已经做了很多的投入，但如果发现不合适，应很果断地选择断舍离。

选产品要结合自身环境，很多时候竟是那样不可选择。

二十几岁，我觉得很多事情可以选择，我们可以选择读中文专业，可以选择读英文专业，可以选择很多很多。但当我长到三十岁出头时，我发现很多事情是不可以选择的。就是那么碰巧，你在那个时候就遇见的那一个人，遇见的那一件事。我们大家都能感觉到，其实出生是不可以选择的，很多人的遇见也不能选择，它就是一种命运的安排。

那我觉得，选什么产品创业有时候也是那种不可选择。在那个阶段你就是适合做那件事，那件事就出现在你的面前。我从做广告到后来去做产品、做食品，为什么会做食品，因为我认识了很多做食品的人，食品供应链也比较成熟，所以其实很多时候看似是你在做选择，实际上你只是在一个框架内做选择，很多东西是不可以选择的，因为我在闽南，这一带很多公司是做食品的。冥冥中有一种注定，尤其是初创时，在一个环境下怎么去结合自己的优势，在什么样的时机开始，在什么样的时机做什么样的事情，当我们想去做一件事情的时候，其实跟我们所处的环境，跟我们遇见的人也有关系，你潜移默化地会受周边环境影响。

站得更高，才能走得更远

4.1 任何时候都不要失去一双发现美的眼睛：不管多忙碌，我们都要努力发现生活中的美好

―――――――

■ 什么是美呢

美，朴素深刻又流动缠绵，让人心驰神往。朱光潜认为美不在物本身，而在审美主体，有一双审美的眼睛才能见到美。而周国平说："一切高贵的情感都羞于表白，一切深刻的体验都拙于言辞。"或许，美正是那高贵深刻的存在。

人和人因为有些相互的欣赏而生出好感，甚至因为一些简单的文字对一个人心生喜欢。原本是气壮山河的事情，却带着温和平静，是美。

有一种女子，任何男人都会认为她很美，她也颇得意自己的美貌。而又有一种女子，最美的是她的彷徨，她对于自己的美，甚至有些不自信，所以美得更令人难以形容。有一种男人，根本称不上帅，但却让人一见钟情，因为经历岁月变得沉稳宽厚，看你一眼就好像包容了全世界。超脱外表去看男人和女人，是美。

"我已经老了。有一天，在一处公共场所的大厅里，有一个男人向我走来。他主动介绍自己，他对我说：'我认识你，永远记得你。那时候，你还很年轻，人人都说你美，现在，我是特地来告诉你，对我来说，我觉得现在你比年轻的时候更美，那时你是年轻女人，与你那时的面容相比，我更爱你现在备受摧残的面容'。"——法国作家玛格丽特杜拉斯《情人》

青涩是美，成熟也是美。在不同的年纪，走过同一条著名的街景，翻起旧时的照片，瞬间明白什么是"最是人间留不住，朱颜辞镜花辞树"，青涩是奢侈的，其实并没有过去多少年，只是青涩刚褪去，人就成熟透了，青涩的消逝怎么拉都拉不住。刚刚变得温和平静、知冷知热，明明还没有年轻够，怎么就有了垂暮之感。张爱玲说，对于三十岁以后的人来说，十年八年不过是指缝间的事。而对于年轻人，三年五年就可以是一生一世。青涩时希望早点成熟，成熟了又怀念青涩时的样子。种田人常羡慕读书人，读书人也常羡慕种田人。读陶渊明的诗，我常觉得农人的生活真是理想的生活。可是农人自己在烈日之中耕作时反而很羡慕陶渊明。

小满是美。小小的满，内心踏实不至于太轻易被焦虑鼓动而不安。小小的满又不至于过满过盈而使人闭塞，还能谦下学习。大满固然好，但往往容易有盛极而衰的忧虑。小满，就是没有十全十美，没有完美，却在轻描淡写里积累着厚重与张力。

朱光潜在《谈美》中写道："人们常常不满意自己的境遇，而羡慕他人的境遇。"人对于现在和过去的态度也有同样的分别。曾经是很辛酸的遭遇，到后来往往变成甜美的回忆。我小时候住在乡下，早晨看到的是那几座茅屋、几畦田、几排青山，晚上看到的还是那几座茅屋、几畦田、几排青山，觉得它们真是单调无味。现在回忆起来，却不免有些怀恋。

无序有无序的美。为什么一定要那么整齐划一呢？有时候离开了框架，反而能获得自由创造出好的作品，抽象画无序但神秘而深邃。城市街头的广告牌没什么规律，色彩、形状和文字也各不相同，却带着强烈的时代感和城市的生活气息。在这些广告牌中，可以看到这座城市的另一面，也可以感受到文化的多样性和活力。

相见甚欢是美，久处不厌也是美。相见甚欢的美像烟花一样来得灿烂绚丽，让人眼前一亮。久处不厌的美并不张扬，而是很含蓄，含而不露却又如熊熊烈火，炙热地燃烧流淌，在日复一日的日子里，像一颗深埋的种子，在某个寻常的夜晚，化作一轮明月。

我觉得美是看到了人生的艰难后依旧欣然前行的抚慰剂。春风得意马蹄疾，在人生得意的时候，我们或许没有那么在意，但在人生孤独落魄的时候，美就是那份冰冷中的温暖。窗前的阳光是美，那片叶子的飘动是美，台风天踩着拖鞋到海边去看海是美。

兰花的美不仅在花开，也在叶子的柔。很多美好的相遇，都是朴素的开场。

■ 厦门的秋

现在的你还会去体会某一个日子吗？最近一些朋友约我去北京或上海，我都把他们约来厦门。走南闯北多了，反而更留恋厦门短暂的秋，舍不得走。

海在城中，城在海上，厦门本来就美得灿烂。秋天不冷不热，清风吹来，既不凛冽也不燥热，舒适得一点攻击感都没有。绿意未央像北方城市的春天，没有一丝凋零和惆怅。

伴着晨光，走在西堤咖啡街，街旁湖面的水是恬静朦胧的，吹来的风轻灵随性，一座座别墅带着黄黄的光圈，朦朦胧胧，相望、相安、相朦胧。你可能会去猜想这小路上走过多少旧富和新贵，又望不穿，这份朦胧就是厦门秋晨的味道。

厦门洋气，这里的人们对咖啡很熟悉，这里的咖啡店很早就有许多阿伯来光顾。我毕业后来厦门创业已将近十年，自小在泉州长大，在漳州读过几年书，能很轻易地辨认出阿伯的口音具体是哪里的闽南话，语调平缓但吐字尖一点的经常是厦门人，语调起落大语速也快的大多是泉州尤其是晋江音，语调语速都缓缓的，就有漳州特色了。其实闽南各地的方言甚至同一个区域都有所不同，但又都是闽南音，同样是闽南人，性情相近却也不一样，这也是一种朦胧。

厦门充满茶香，几乎每落一处都有茶。喝茶又多工序与工夫，经过那份等待守候之后，真正喝茶的茶杯却是小小的。茶叶和茶汤分离，厚而不腻，既把精华呈现，又泾渭分明。

人虽在俗世里，但喝茶的小时光又使我有些遗世独立的感觉。秋天午后的阳光也已经不再炙热，靠着窗边，大胆地让阳光打进来照在身上。远处有绿意，湛蓝纯净的天空，广阔的大海，你不会升起任何本该属于秋天的惆怅。吃着茶，去体会同一泡茶叶的不同。一开始过于热烈有点像少年时代，奋勇而出，少了些分寸感。最后又有点成熟后过分的自我保护，潜意识里担心茶汤是不是已经失色，过分地保持一份安全的距离。中间，真正是一泡茶的精华，像人生，褪去所有装饰品，没有华丽，不必赶时间，泡着喝着，一会在世俗里，一会又逃出凡尘，很多问题就在这里想明白，很多事情也在这里不想明白，这些你都可以自己选。

夜色里的厦门则有种不分明的感觉。北方的秋夜已经是寒凉，厦门的秋夜却只是有些微凉，许多人在户外坐着，或聚或聊，没有秋天的凉意，又不像夏天那样火热，就在中间，你穿着外套有人问你会不会热，你没穿外套有人问你会不会冷，就是这样的不分明，没有太清醒也没有那么理智到可以

说明白，款款相迎又有一段距离，想点到为止却带些意犹未

尽。新闻里说某某人落马了，某某人如何了，社交媒体里各

种口诛笔伐，一错而百错甚至全错。什么样的人愿意以差异

化的包容心态去看一个人、一件事、一种价值观呢？我听到

旁桌的人在说："其实某某人也没那么差，都还蛮好的，之

前做过不少漂亮的事情。"原来，不分明即是对物对人有慈，

没有敌意和杀气，带着包容和慈悲，你可以觉得温暖而不穿

外衣，也可以觉得冷了穿上外衣，你可以有错有对，你可以

是你。

　　厦门的秋天好吗？答就在问里，问就在答里。

4.2 做一个属于世界的水手，奔赴所有的码头：勇敢探索未知的世界，拓宽自己的视野和心态

―――――

■ 想去更远的地方

初入大学时，我去过最远的地方就是从石狮老家到漳州师院，直到大学毕业，我甚至也未走出过福建省。后来我成为福建省大学生创业之星标兵，带着刚要出版的《微信品牌营销》去拜访蔡文胜先生。那天文胜投资了我的初创公司，但更重要的是闲聊中文胜跟我说："创业的起步阶段，还那么年轻，看得太少，不一定真正知道自己想要做的是什么，方向也不一定会清晰，要多去一些地方走走。如果还没有开始创业，最好先去几十个国家走一遍，回来会更清晰。既然已

139

经开始创业了，就边创业边找时间去走走，不要只盯着眼前的工作，因为太年轻看得太少，对未来的方向不一定能把握得那么好，很容易浪费时间和青春在一些以后回头看来不重要的工作上。"

文胜细细展开说了几个例子，我静静地听，心里已经种下了趁年轻去看看这个世界的种子。

从 2015 年开始到 2019 年年底，在 30 岁前，我陆续去了日本、韩国、美国、新加坡、马来西亚、泰国、德国、法国、越南、以色列、菲律宾、荷兰、印尼、老挝、越南、匈牙利、奥地利等许多地方。在陌生的国度，走未知的路，理解世界的多元和不同，就像年轻时的创业路，面对的都是陌生与未知，却要在不同的距离中寻求接近的机会。

每一次踏上新的土地，我都惊讶于这个世界的广阔与多元。那些独具特色的建筑，那些完全不同的民俗和生活态度，都有它独特的力量。

在日本，我看到了日本对中华文化的学习，庄重的礼仪、严谨的工艺、精益求精的态度，都让我印象深刻。了解了稻盛和夫和四大经营之神——本田宗一郎、松下幸之助、盛田昭夫和丰田喜一郎，我不仅看到了他们在商业领域取得的辉煌成就，还体会到了那种付出不亚于任何人的努力的坚定信念和细微严谨的工匠精神。

在美国，我感受到创新的力量，敢于打破常规，追求个性与多样。在法国，我看到艺术与审美。在德国，我明白了严谨与实用的精神，隐形冠军的厚重。在东南亚，我体会到生活的另一面和对生活的另外一种态度。

年轻时的游历，给我打开了一扇扇门，给我的创业历程带来灵感与启发，我更加清晰地知道自己创业想做什么，做产品是想做怎样的产品，做品牌是想做成怎样的品牌。今天想起，我十分感谢文胜当时给我的建议，也把这一路历程的记录做一些摘录，以期对你有一些启发。

2015.12　日本

　　事业再大，人生再如何有成就，依旧需要不忘初心，不忘自己的来时路。问问自己何曾不卑微，就能够更温和地对待每一个人，更多地帮助旁人。做一份本真的事业，帮助那些用心做企业，实在做产品的企业家，在互联网时代及广告传播领域取得商业优势，让更多的中国品牌在世界上发出自己的声音。——未来有诗与远方。

　　从东京驱车两小时到《灌篮高手》中的神奈川县寻访日本鲔鱼厨神山田先生。他的家族经营鲔鱼食厨有着一百多年的传承，从食前祈祷的初善及对自然的敬畏之心，到专注世代传承的匠心，真真切切地把一条鱼做到极致。善良之心、匠人之心、笃行之心。——共勉。山田先生有很强的家乡情结，为提升家乡影响力，坚持没有把门店办在大都市，几代人在家乡传承着。

　　我相信一切都只是刚开始，尽管蜕变需要更多努力、更多汗水，但是我心甘情愿，同时我也将推动我们团队更加精进地面对未来的每一天，一起遇见更好的2016，共勉。

　　在京都古城听到邓丽君的曲子，想到"既见君子，云胡不喜"，细细寻味人家说的"诗经郑风多情诗"。听着川端康成的旧事，寻访着异域的宗庙信仰，"答即是问，问即是答，答在问里，问在答里，既已知问，又回答个些什么？"——今天不予俗世，心向诗与远方。

2016.01　韩国

　　再如何光耀与成功，日子还是在日子里，说起平常，就是小老百姓的生活，就是琐碎，就是在人间里。——未见君子，忧心忡忡。亦既见止，亦既觏止，我心则降。既见君子，云胡不喜。

　　我们会为某件差点完成的事情没有完成而感到遗憾甚至

愤愤不平，更应该为某些完成的事情感到满足，或许差一点就无法完成了，就差那么一点点，机缘就都不再有。除了努力，还有命运，一切都值得感激。知道一切是为了更珍惜一切，共勉。

这里被称为化妆品之都也被称为亚洲设计中心。拜访设计前辈，向前辈学习，我在广告和设计的世界里越走越知其深似海。任何看起来容易的其实都没有那么容易，一个角落一个细节都值得不断推敲与优化。品牌，往往存在于一种定位、一页画面、一句文案里。

如果外界都是黑的，眼里就更应该灿烂缤纷；如果世界天寒地冻，内心就更应该充满暖阳。想到三毛说："虽然我住在沙漠里，在他身边为什么我眼前看到的都是繁花似锦。"这是一种面对生活与人世的信念，对家庭，对事业，一直很努力，共勉。

50岁，有的人繁华落尽，趋近尾声；有的人旧枝焕发，一切才刚刚开始。

2016.05　美国

每个人都有自己的老板，既需要指挥自己的团队，也要能配合更大团队群来行动，为更大的整体负责。一方面给别人能量，推动别人进步，一方面主动向充满能量的人学习，激励自己。

Robert 教授说优秀的人汇集在硅谷，所以在其他地方很厉害的人来到这边也会显得平凡。向优秀的人学习，斯坦福大学与硅谷相互成就着对方，一所创新氛围浓厚的大学，一个汇集了无数优秀人才的创业营地。"创新意味着一切"，品牌营销也需要创新，抓住新的趋势会放大营销效率。

如果有一天，我能够有所成就，一定离不开周围那么多推动的力量。感谢每一份信任，感谢每一份鼓励。一些信任盲目到甚至让自己觉得什么事情都不是那么难，都值得去努力去加油。信任就是当一起分析好一切后，我说要去做什么、实现什么的时候，你都说"桦龙，你肯定可以的"，然后我就拼命努力让它真的实现，一次又一次。

一个人坐在异乡的小餐吧里，倚着窗边，靠着座椅，抬起双脚，一杯啤酒就是一段时光。在一份难得的闲适里，窗外风景疏离，人来人往。对啊，很多时候命运就是命运，强者习惯一直做强者，也得到更多眷顾。——越努力越强大、越幸运，共勉。

到城堡里品尝了主人最好的红酒后，听着品酒的讲究，我想起家乡的泡茶，其实品茶与品酒都是生活的一份考究，在看似闲适中饮茶话仙，一方面陶冶心情，一方面为接下来的工作蓄力蓄势，以便达到更高的层级与境界。

美式企业的三项融合值得我学习：①对核心版块的精益能力，在全盘中抓住核心，掌握核心技术；②对产品的偏执与匠心，成色差一分，价值差千百倍；③对企业故事的塑造与推广，乔布斯的故事、FB 的故事、Airbnb 的故事，公司内部上下都熟知且能对外介绍，提升了传播效益也增添了企业温度。

出发去全球顶级的咨询公司 BRG 之前，我来到 NBA 赛场，见到了很棒的血性球队。目睹"Win or go home"的决战之夜。我喜欢伊格达拉，他默默努力总是能在关键时刻站出来，或许数据不是那么亮眼，但他永远是我心中的英雄。以前自己打球时就属于拼命三郎型，只想把苦活儿、累活儿、脏活儿做好，卡位、抢篮板……感谢那时教练给我机会。

人在不同的阶段会接触不一样的人，会渐渐对事物有不一样的偏好。我们都一样要努力工作，然后也慢慢会受周围优秀的人的影响。他们既出色又努力，还是某些个人兴趣爱好方面的专家，不同的阶段不同的人教会我们不同的生活方式，运动、服饰、饮食、饮茶、蜜蜡、古董、摄影……人会变，往往是周边圈子发生了变化。

我向 Philip 请教，在帮助品牌进行全球化推广运作中，核心的工作是什么。作为全球顶级咨询公司的掌门人，Philip 跟我说："对重点市场进行区隔化分析与全球综合管控，两个板块相结合是我推荐的方式。"

Philip 说他们在全球 14 个国家的 29 个分公司，会获取当地的资源与信息，他们汇总后进行综合分析。我听完分享，觉得两个关键词提炼得很好：当地资源＋综合分析。

感谢互联网，给大家提供可以创造各种不可能的时代。当你觉得一切已经到了无可奈何的尽头时，或许一切才刚刚开始。

在 1 号公路自驾去洛杉矶，历经十几个小时，我终于从旧金山到达了洛杉矶的住处。一路上，有童趣的欢笑与美景，有失去网络时迷路的窘迫，有差点被警察贴单时忙乱的理由阐述，有失落时的互相鼓励。最后当我们一起坐下来笑着说起回忆时，一路的困难都是点缀，留下的是团队配合的意义与面对困境时的相互鼓励。如果有人在窘迫时宣泄情绪或者率先溃退的话，或许我们会更难到达目的地，也不会留下这样的美好感觉。整个沙滩睡满海狮，人与自然也达成了某种和谐。

创业这些年，习惯了自己跟自己赛跑。每天都想着今天如何比昨天做得更好，总结今天还有什么问题，明天需要提升什么。每日每夜形成了习惯，创业就是一种习惯，终成生活。

有人跟我说创业很苦，有人说创业很酷，有人说创业很美……我知道，创业是自己的事情。

一直没有完全倒过时差，加上这里的半夜正好是厦门上班时的繁忙时段，交流这儿，想下那儿，几乎很难真正睡着。每天的企业交流学习跟直至半夜的课业，使我多了对品牌宽度与深度的认识，增长了艺术格调与见识，还有一份创业者企业家精神的洗礼与坦然的人生态度。

因为一分热爱，便多了一分努力，终于多了一分欢喜，享受过程中的挫折，享受偶尔的小成就。不断去超越昨天的自己。

国外创业者及同行的分享，既震撼又走心。感谢这程收获满满的学习路，感谢 Bowen 这十来天的陪同与安排。谦和细致的年轻人，尽管他父亲是国内上市公司董事长，他却这样说："先靠自己的勤勉去打拼，日后如果家里真要我回去接力公司，再回去尽力。"

珍惜身边有人管束的日子，没人管束虽看着轻松，日子一天一天过，但人也就不知不觉地废了。有良师管教，每天的日子看起来是辛苦些，但是不知不觉会内心充实与激情澎湃。

2016.11　日本

松下幸之助说要坚守"义""爱"等力量，以爱助人行。稻盛和夫说坚持正确的为人之道。王阳明说"致良知"。弘一法师说"悲欣交集"。人如果都能坚守一份道，是至高境界，是难能可贵。——困难的时候，化困难为机会。寻常的时候，化枯燥为匠心。

2017.03　新加坡

当我们自认为自己很努力的时候，别人可能比我们更努力，并且许多人的起点都比我们高。同样年纪，懂音乐、懂艺术、会几种语言，国内或国外的名校毕业，越优秀的学校有更优秀的校友。——既然前二十年的很多决定很难自己掌握，那么我们就重视今后的岁月，勤勉刻苦、努力坚持，一生活出不止一生。

你会长大，会更加成熟，会结婚，会持家，会精打细算，会说冷笑话，会欺负小孩，我也会在菜场讨价还价，哄着小孩多吃饭，念叨着要好好学习才不会像坏叔叔一样……容颜渐渐衰老，我们甚至天各一方，极少能再见面，可是你、我，还有这个世界，会像刚开始时的那样，一直在一起。

2017.03　马来西亚

四个人一起吃饭。一位是复旦MBA，一位是欧洲工商学院MBA，一位是哥伦比亚大学硕士，一位是漳州师范学院本科生。——谢谢优秀如你们的分享与勉励，庆幸自己可以在奋斗的路上遇见你们，为我开启了一扇窗。

希望自己可以学习精英们良好的学识与缜密的逻辑思考力，又能保持草根集聚大地力量后的野性与拼劲。——一直很努力，亦与今天的三位朋友共勉。

和水平很高的人一起，才知道自己是什么。

2017.03　泰国

泰国的各种微电影在网络上热传，最好的老师在哪里我们就去哪里学习。这是我们来到泰国与当地顶级的广告公司合作、学习的原因。"在世界上的某处寻找另外一部分的自己。"

　　感谢这几天在异国遇到的同乡。我们竟然是同一个宗族，很少见，但还是一下子认了出来，小时候我随着公家参与的活动多，潜意识里的记忆深刻。来这里才知道我们村里出了一位在泰国受到国王接见的优秀企业家。唐人街好像以前的大仓街仓峰路汽车站。谢谢乡音，陪伴我这几日工作外的时刻，也使我对这座城市多了解了一些，也感谢前辈们的创业故事一直激励着我。一代人的创业故事，静默没有言语，却充满着力量，激励着后来人。重温那段语言不通要靠用手指比画着、拿着计算器确认数字的历史。——学习，感谢。

2017.06　德国

　　德意志博物馆里的科技与工业气息和细雨中的奥林匹克中心遥相呼应。

　　在慕尼黑工大听福克斯教授讲品牌，比起广告领域大师的创意横飞，学院派教授有德系的严谨、系统与逻辑。现在中国企业经营者的品牌意识已经越来越好，品牌方的专业化直接对广告公司提出更高的期待，既希望广告公司拥有天马行空的浪漫创意与丰富的实践经验，也对广告理论与传播体系有更高的要求。

下午时光，HB 皇家啤酒广场人声鼎沸。

为什么他们不用工作下午就喝酒了？

西门子，有着一百多年历史的餐厅，餐厅的走廊里挂着历年来访的贵宾。墙上的画与雕塑，是历史和艺术的见证。后厨的科技和整洁，代表着一份严谨的态度。

走过百年卫浴品牌汉斯格雅的工厂，感受工业生产的底蕴与魅力。实业支撑起一个国家的底气。——种下一颗顶级品牌的种子。

这个镇上有许多手表品牌，就像晋江有非常多的鞋子品牌，石狮有非常多的服装品牌一样，几步路就是一个手表工厂或手表公司。我和 Stowa 的 CEO 说，中国是一个巨大的市场，而且对德系品牌有一种特别的好感。

天很蓝，布拉肯海姆小镇的酒很多。朋友一起相互点拨让我收获良多。感触很多，我跃跃欲试地说："因为喜欢，所以不累。品牌精神背后是品牌主的人品。"——路漫漫其修远兮，吾将上下而求索。

几个朋友说，在家里不喝开水，要喝气泡水加冰、加柠檬，在外面没热水的地方却要找热水壶喝开水。在家里不吃米饭想吃各种西餐，在外面却只想吃一下青菜配米饭。

古老的海德堡大学，康德、歌德、席勒、黑格尔。——仿佛是欧洲版的厦门鼓浪屿。把心遗留在了海德堡、哲学家小道。

有趣的人，和有趣的人在一起；

大气的人，和胸怀天下的人一起。

再会了，德意志。

好像来了很久，又好像才刚来就要离开。

2017.06 法国

来到南法的蔚蓝里。在这里待的一段时间，把书稿的前言写好，见了两家百年品牌的负责人，参加了今年的戛纳国际创意节。做自己喜欢的事，且以此为生养活自己，就很美好。给自己定了一个小目标——搜集 100 则在当地执行的优秀广告。

同一个公司的人如果能像同一条战船上的人一样，就已经能做到打仗时在士气上领先。

一个 CEO，一个船长，可以很温和，但内心要有"人在船在"的决心和血性。

尽管弹尽粮绝，尽管漫漫大海不知彼岸，依然要尽全力去把船走好，全力以赴地走到能走到的地方，责无旁贷。

记得，也是一个余晖下的午后，我们互相说着心里的梦想。然后你笑话我，我笑话你，"那么大的事你也敢想啊"。一番互相取笑后，我们突然不约而同地说："我说的是认真的。"嗯，就像劲霸的广告语：混不好，我就不回来了。——那一别。

有才华的人和普通人都需要不懈努力。只是普通人在到达一定高度时会遇到明显的天花板而难以再更进一步，有才华的人在这个时候会打破天花板，显示自己创造创新的力量。——全力以赴后，接着才是比才华。

我们都跑不过时间，这是自然的规律。但是，我们可以跑赢昨天的自己。

如果怕迟到，就早点出发；如果怕堵车，就早点出发；如果怕落后，就早点出发；如果到了异国他乡陌生的车站，不知道在哪个站台上车，那就早点出发。——与其怕来不及，不如早点出发。共勉。

2018.04　菲律宾

车上放着翁立友的《坚持》，前辈说自己之所以会富裕是因为别人工作五小时，自己就工作八小时，别人工作八小时，自己就工作十二小时，反正就是比别人做得多，才有初步的积累和一步一步的发展。——敬天爱人，然后付出不亚于任何人的努力。

当初起步都是一样的，后来会有很大的不同，就是一开始他选择比别人多工作了几小时。

三流的组织有共同的规则，二流的组织有共同的利益，一流的组织有共同的信仰，顶级的组织至情至性，有真性情。——巨富的商业版图下，有人认同规则，有人认同利益，有人至情至性。同样是在几十年前跟着老板漂洋过海去异国他乡闯荡，后程的路却大不相同。

管理学都在倡导西方的企业文化，清晰的规则、清晰的利益划分。但是不能一盘散沙，那份传统的性情不能丢，那份义气与血性依旧要在。

整齐有整齐的美，无序有无序的美。有些人相见乍有欢，有些人久处不厌。人和人、人和城市，与人和工作也相近，与其一开始很美好，一开始激情澎湃，不如久久相处，本色相见依然两不厌烦。

2018.06　荷兰

博物馆，《夜巡》。很多雪茄店。街角的啤酒。早晨，中午和午后。

2018.06　法国

我最近刚好在思考一个品牌的主视觉，朋友带我去拜访一位艺术家。78岁的人生像翻开一本厚重的书。1988年的报纸上，他作为时装、珠宝设计师收到纪梵希给他写的感谢信，在抵达人生高峰时却归零去非洲作画二十年，他童趣地说艺术是相通的，自己在旅途中遇见灵感。

曾经风采如少年，香车美女喧嚣如潮。现在淡泊宁静，住在距巴黎两个半小时车程的乡村里，过自己的日子。只是，少年飘逸依旧，智慧睿智依旧。

2018.06　意大利

你在看着风景，看风景的人也在看着你。没有什么最好的路，也没有什么更好的路，坚持自己的路，对自己负责的只有自己，走好自己选择的每一步就是最好的路了。怎样的物质体验都没有最好，再好都有更好。

2018.07　印度尼西亚

今天收获了一堂生动深刻的燕窝课，我参访了印尼中华总商会。跟怎样的人一起出门很关键，同样的风景，却因为同行人的不同而有不一样的意义与收获。——向优秀的你们学习。

听经历过起落的人在酒后分享心情，很容易走心。曾经辉煌又突然几近破产，终于再崛起。面对突发的困境时，倾尽家财几乎一夜白头，而那时受过的损伤短时间内很难恢复了。没有什么是完美，接受不完美，不完美才是人生的常态。——淡淡说完，旁边有人感同身受，闻者皆涕零。

2019.06　法国

谢谢休假还配合我们工作的朋友和阿肖克教授。自己创业初定下的全球化计划希望可以很好地实现。把国外元素的表现形式运用到国内的品牌营销上，把国内的品牌更好地推向海外市场。

品牌营销升级需要在全球范围内借鉴和集合几方优势，在本土市场中形成直接鲜明的优势。

一生活出不止一生，好好工作，好好生活，一直很努力。

2019.09　法国

连着两天，我在浪漫的巴黎做交流工作到深夜。跟随精英们学习，自己也被深深触动，山外山人外人，点滴之中窥见自己的不足与渺小，要更加努力。如果说昨天拜访巴黎大区收获的是地方政府执政的实操逻辑，那么今天在经济合作和发展组织（OECD）总部收获的是专业智库对大趋势的分析判断和思考模型。——见贤思齐，学以致用，一直很努力。

2019.09　奥地利

奥地利总统范德贝仑先生在霍夫堡宫里接见了我们，亲切温和。在富丽华贵的皇宫，想象罗马帝国和奥匈帝国的数百年辉煌，却突然一眼回望到自己少小时在农村老家的时光和后来夹缝中求生存的岁月。一粥一饭，当思来之不易，回望来时路，更珍惜每一点的小美好。

2019.09　德国

人和人的相遇可能是偶然，但相知相惜，肯定是志同道合的选择。看到市政厅的美轮美奂，想起几位友人，"恰如灯下，故人万里，归来对影"，见面很少，但一直在心里。一起努力，相遇江湖再多话。

我们都在说："人的成功不是偶然，科恩超级有魅力，作为德国前总理带我们走前走后格外有礼貌，在总统面前得体有礼，在群众面前坦然亲切。"这几天，见到好多优秀的人，也发现中国许多优秀的官员们内外兼修。先看到，然后自己慢慢去做到，加油。

■ 把心留在巴黎，把人留在成都

到欧洲最期待的是巴黎，不论是落地在戴高乐机场，还是从中央火车站出来，你都会知道这是一座充满浪漫和艺术气息的城市。

比起国内的许多城市，巴黎都不算是大的，但这座城市的每一个角落似乎都是历史的倾诉者，诉说着文艺复兴的传承和法兰西的辉煌。在塞纳河畔漫步，你能很清晰地看到卢浮宫的恢宏壮观，巴黎铁塔的优雅与坚毅。在马尔泰勒的街道上徜徉，每一块石板似乎都有了艺术家的气质；从蒙马特高地到圣母院广场，再稍绕到香榭丽舍大街上，既能看到林立的各种品牌店，也能找个小咖啡馆度过悠闲的午后，稍抬眼便是凯旋门。

在巴黎，我特别喜欢逛一些小众的品牌店，看那些独特的设计和色彩的运用，也喜欢在一些小型的艺术馆和画廊里探寻。随便找一家路边的咖啡馆，露天的位置上，点一杯咖啡，配上一杯气泡水，静静地看路边人来人往，阳光洒下来，好像整个世界都是那么清宁悠静，很容易想起海明威笔下的巴黎，而恰巧那么刚好，自己正置身巴黎。

在巴黎，不得不提的一定是卢浮宫，我每来一趟都要用一两天的时间泡在这里，不仅是欣赏艺术品、绘画、雕塑，更多是体会对美的理解，以及寻找文艺复兴的影子。卢浮宫的正门，特别显眼的是贝聿铭设计的玻璃金字塔，每次都有很多人拍照，夸赞这独特的设计。

卢浮宫的展厅很大，很多人喜欢达·芬奇的《圣母子像》、米开朗基罗的《奴隶》、拉斐尔的《透明的玻璃》、阿波罗像、维纳斯像。而我比较喜欢《蒙娜丽莎的微笑》和巨大的《拿破仑加冕图》。

巴黎虽然很美好，但毕竟很难常去，成都呢，正应了那句"坐撒，来都来了"。

成都人好客，像街上的火锅味，浓烈热情，一点都没有排外的样子，不论你是本地人、外地人，甚至外国人……来了就是成都人。

如果在巴黎每一处细节都是艺术的话，那么在成都，每一处细节都是生活，你很容易觉得生活的美好就在眼前。市井的烟火气，满大街悠闲的人，或三三两两，或一大群，喝茶闲聊，甚至在每年 4 月很忙碌的糖酒会，都会无形中把你带入慢节奏的生活里。

初到成都，这里的美食真的会让人上瘾，这里的人真的厉害，差不多所有的东西都可以做成火锅、串串、麻辣烫、钵钵鸡、冒菜，可见他们花了多少心思在生活的细微之处上。而当我去成都的次数多了之后，对吃什么变得没那么在意，反正都好吃，更喜欢混迹在南边，我觉得铁像寺水街不亚于巴黎的香街。在繁华的商业之间，有种艺术的气息，不论是轻安素食还是陈锦茶铺，或是稍里面些的雪茄馆和咖啡店，每一处都能让你虚度一整个午后，约三两好友，就那样坐着，虚度光阴是多么美好的褒义词。

我曾经写过一段文字："我发现我真的好喜欢成都了。走过那么多地方，成都是难得能包容到如此这般的城市，人与人之间没有一点的地域之别。成都既有超级大都市良好的商业氛围和新潮时尚，又兼具巴黎的浪漫，有北欧的悠然自得，有美食的烟火气，有春夏秋冬分明的四季，真是一座来了就让人想留下的城市。'坐撒，来都来了。'在成都，如果幸运到能翻开汪曾祺的散文，士大夫的平淡和天府之国的悠然相遇，你一定会对这人间多几分留恋。如果还刚好是个午后，半酸半苦的咖啡，吱吱响的气泡水，而你，被包裹在落地窗前的阳光里。我们像水，像阳光，干净而自由。"

如果说人生是一场旅途，我们终究需要走过许多的地方，见到许多的风景，更容易清晰地知道自己内心的喜欢，而生活的美好，或许从来都不是遥不可及的。巴黎与成都，山川异域，相隔千里，但它们却都住在我心里。巴黎是艺术与浪漫，成都是悠然与生活。或许每个人心中都有自己的乌托邦，对于我而言，巴黎更像一场梦里的，而成都是写实的。在这两个地方，我找到创业之外的平衡和慰藉，左手是巴黎艺术浪漫的咖啡店，右手是成都生活悠然的茶铺。

4.3 登上一座高峰后要继续挑战另一座
高峰：取得成就后不要停止前进的
脚步，要不断挑战自我，追求更高
的目标

■ 在高峰处戛然而止

很多人知道我在大学里通过摆地摊赚了不少钱，但是很少有人知道，其实我很快就不摆地摊了。我跟伙伴们说："我们大一大二时地摊摆得好还算厉害，大三大四了还在摆地摊的话就真土到没边了，我们要进步，要想其他方式，不要觉得摆地摊好赚钱就整天想着摆地摊的事。"所以，后来我承包了大学城的快递，参与了早期的团购网站建设。

我在想，我们一开始可以很草根，因为出身是注定的，弱小的我们面对出身的桎梏根本无力挣脱，但草根一阵子，我们要慢慢成长，因为跃进和蜕变是我们稍长大后可以把握的。千万不要因为一个稳定的热馒头就把特别青春的时光定住了，尽管曾经特别饥饿、狼狈过。

在非洲，马卡拉人捕捉狒狒的方式特别有意思。他们会在狒狒出没的地方，找个树桩打一个特别细长的洞，洞的末端挖出一个小空间，塞进一个苹果，而且故意让周围的狒狒看见这里边有个苹果。接着马卡拉人假装离开，躲在远处的树丛里观察。而狒狒看到人类离开，便跑过来将手伸进树洞抓住苹果，可是握紧的拳头太大，无法通过细长的树洞，手被卡在树洞里了。这时候马卡拉人大摇大摆地拿着绳套准备套走狒狒，狒狒着急得上蹿下跳嗷嗷直叫，用尽全力将手往外拔，可是怎么都拔不出来。直到绳索紧紧套住狒狒的脖子，狒狒都还没有想到放下那个苹果把手抽回来赶紧跑。一个苹果可能只是生存的最基本需求，狒狒拿到手就永远不松手了。

　　我大学毕业选定创业后，好几位老师同学都跟我说："桦龙，如果你还不知道创业要做什么，可以在学校附近开个店或者做些生意，你对这一带那么熟悉，做起来应该得心应手，我们以后还可以常聚。"我直接跟他们说，这是不可能的，我要到更大的世界去，做不那么容易的事情，不要毕业了还在吃学生时代的饭。所以临近毕业，我孑然一身地去了几个地方，后来选定先在上海这样的大城市感受一段时间。

　　初到上海，日子是蛮艰难的，我们在学生时代认为的有钱，在社会上简直什么都不是。我租住在后来新闻上报道的那种"群租房"里，一间房只能容纳一张刚刚够一个人躺下的小床，还有一条侧身的过道。说实话，这对于已经在大学时代享受过几年优越生活的我，真的有点不适应，群租房里，什么人都有，卖水果的摊贩早上四点多就开始"哐啷哐当"，贪玩的小年轻经常在凌晨喝到烂醉发酒疯……我记得那边当时叫闸北，《上海滩》里许文强他们初到上海时落脚的地方，只是现在已经没有闸北了。我在闸北落脚没有很久，对上海稍微熟悉后就搬到环境很好的公寓了。

当然，在上海对我影响最深的是学英文，我发现很多厉害的大人物英文都很好，我希望自己也能学好英文，也憧憬着自己日后有所成就，也能像眼前的那些大人物一样讲出令人艳羡的英文。也是在那个时期，我认识了后来的好朋友美国人JQ，他当时是我的外教老师，后来我们成为好朋友，他回美国时候跟我说："桦龙，你知道吗，你简直就是我见过的奇迹，我刚认识你的时候，你根本不会说英语，现在你竟然能噼里啪啦地讲。"其实他不知道，我想要去做一件事时会有多执着和认真，上海的冬天再冷，我也是早早起来读英文；晚上喝得再醉，我也会告诉自己读一段英文再睡，而且要放声读。后来JQ跟我联系，我跟他说来厦门走走，他很快就来找我了，然后就留在了厦门，已经六七年了，当然这是后话了。

我当时还认识了很多朋友，有德国人、日本人、意大利人、法国人，我特别喜欢的一个英文叫"gorgeous"，是一位漂亮的法国留学生教我的，她跟我说"beautiful"太普通，还可以用"good looking"，想要更高级点就用"gorgeous"，她几次邀我去她家里教她中文，我都没有去，年轻时几个经常住一起的朋友都笑话我不解风情，说我是不敢去，我笑笑回答说"是啦"。我们当时喜欢在公寓里开家庭派对，喜欢组国际联队在徐家汇篮球公园打球。那也是我刚开始对世界各地的人，有了个最初的印象。Stefen 是位美国律师，到现在还偶尔有联系，我离开上海时是他送我到的车站，他也问我，上海那么好，那么多好朋友，我们玩得那么开心，为什么要回厦门？我跟他说，Stefen，我有更重要的事情要做，记得来厦门走走。

过了半年多十里洋场的生活，2012 年年底，我回到了厦门，过了农历年就开始找办公场地、注册公司，公司名字叫"三蝌优"，除了是"thank you"的谐音外，更重要的是蝌蚪是我大学的笔名。柯是我的姓氏，所以就用蝌蚪做笔名，而蝌蚪也是世界上极少数蜕变的生物，小蝌蚪会变青蛙，青蛙通过自己的努力加上运气，在美好的故事里会变成王子。

三蝌优公司成立之初，经过一些分析，我决定往新媒体广告的方向发展，一是我擅长文字；二是广告公司创业的硬件成本很低，几台电脑几个人就好；三是我觉得新媒体广告是一个趋势，碎片化时代大家的注意力都在手机上，新媒体会是广告的主要方向。当时的我认为，不论什么载体下的广告，核心就是文字，文字穿透心灵。广告不应该是很生硬的、赤裸裸的循环轰炸，更多的是需要一种人性的细腻与温情。我很快提出了三蝌优公司的理念：文艺与商业融合。公司很快有了客户和大客户，也很快得到了客户的认可。我出版了《微信品牌营销》，拿到了蔡文胜先生的天使投资，获得了许多广告行业的奖项，既在一些大学的研修班里讲课，也连续参加了好几届法国戛纳的广告创意节，后来深度参与的烘焙品牌"小白心里软"也取得了特别的成功，两年内从 0 做到

4 亿营收，直到现在，"小白心里软"依然是烘焙领域的新锐力量。

在出版第二本书《让品牌说话》时，我虚岁 30 岁，我认真地回看了自己的过往，我觉得如果人生只到 30 岁，那么我从草根走出来一路蜕变到 30 岁的样子，应该算是优秀和成功的。但 30 岁之后呢，一切要重新看了，我 40 岁的时候还能没日没夜地给客户的品牌做方案吗？还愿意在某些时候为了项目能进行得更顺畅去应酬喝酒喝到烂醉吗？ 30 岁以前，甲方觉得你这个年轻人很优秀，40 岁以后再没有年轻这个优势了。30 岁以前，有些钱很脏甚至被人在脚底踩了好几下，我们还是厚着脸皮要去挣，因为出身普通的孩子在夹缝中求生存本来就不容易，很多时候没得选择。40 岁以后呢？很多人注重一两个月、一两年的变化，而当时我想的是五年、十年后能不能再有一次超越之前的巨大蜕变。

经过很认真的思考，2019 年开始，尽管当时我的广告公司处在高速发展期，我毅然决定自己做品牌。我觉得社会生活节奏越来越快，女生重视自己颜值的同时也怕麻烦、怕费时间，我们要做一个适合新时代女性快节奏生活的滋补养颜品牌——Binking。

我找了朋友来投资，然后选定了"海藻燕窝银耳羹"作为第一款产品，结果磨了两年，产品还不能像样地做出来，每个产品测试阶段都至少要寄出去几百上千份样品，然后收集反馈信息，既然产品针对的是爱美的女生，自然也要经得起挑剔，每一批反馈都是自我打磨的过程。产品正式上线前，我已经扔掉了三批货，放在仓库等待报废处理，这两年磨产品的经历给了我巨大的挑战和心理负担。我之前都在教别人怎么做品牌，自己下场做却做到连产品都出不来，真的要被人笑死了。另外一个方面是放着好好的广告公司不管、团队不管、客户不管，集结所有精力在一个品牌上，两年时间产品都出不来。每次下决定生产一批货时，都是信心满满的，但结果出来不满意时，就会无比失落，因此每扔一批货既是金钱上的消耗，也是对我信心的打击，这样的事情来来回回发生了三次。

中国那么大，众口难调，口味一会儿偏淡一会儿偏重，包装的选择也是被各种声音左右。产品采用的新工艺是冻干技术，不需要添加剂而且锁鲜程度高达 95%，用水泡一下就能吃，但这对市场来说是陌生的，有些人甚至直接拿着冻干块当饼干吃。还有很多人说："起个名字叫 Binking 有什么含义，谁记得住啊？"

现在 Binking 已经走出了些样子，成为细分领域的新锐品牌，只是再回头看，Binking 能得到一些高品质消费者的喜欢，缘于其不论是产品还是周边赠品，都比较注重审美和品质，我想这和品牌创立之初就想做好产品的基因有关系，不是好产品宁可扔了也不拿出来。而 Binking 的命名确实没有特别的意义，就是一种空无，不取巧，好好做自己，做好产品。欧洲很多品牌都是在成立几十年后才有品牌故事的，一开始本来就没有品牌故事，为什么要去编一个呢？品牌的故事是真正成为品牌之后，自然而然有的。

三十岁以前，每一次在高峰处戛然而止，都是人生的一种选择。三十岁以后，既是一次选择，也是一场豪赌。得胜了再次蜕变，我和 Binking 或许就有了品牌的故事。失败了就黯然离场，或许潜心修炼等待东山再起时再战江湖，或许找个小地方开个小店悠然度日。

4.4 不要忘了自己的初心：在追求梦想的过程中，永远保持对生活的热爱

■ 人到中年，从秀才到卖炭翁

我曾常常对一些稍熟的朋友说起自己二十来岁时的趣事。为什么会对稍熟的朋友说，我已经忘了缘由，好像都是说着、聊着就顺着说到了那里。

现在再回头，人到中年，二十来岁好像已经是太遥远的过去了。

二十来岁的我，一直困在高考里，吃饭为了高考，锻炼为了高考，睡觉为了高考，但是那么难如意，高中读了5年不够，还换了4所高中，认认真真读书最后也只是踩线过了师范类提前批。我却心满意足，尤其在市里表彰总分前几名和各学科前几名时，我因为语文单科成绩突出，和市里高考总分状元都获得了表彰。那时候的我们真是单纯的小孩，哪里懂什么是真心夸什么是表面夸呢？一听到溢美之词心里就会美滋滋地乐开花，唤总分第一的状元，第二的叫榜眼，第三的喊探花，轮到语文单科时，大家说在旧时代也算是秀才了。那时候开心和虚荣心搅在了一起，连坐大巴车回家时都觉得自己神采奕奕。

直到我在中文系读书，虽然我对很多话题不大关心，但一听到有关秀才的讨论，我就特别喜欢。比如我们在中文系读书，如果能在中文系排前几名，那在以前真的可以称得上秀才啦！真的满心欢喜。我一直有个秀才梦，可能跟我学习数理特别难有关，也可能跟文学陪伴我走过人生的艰难岁月有关，那个年纪的我没什么拿得出手的，就是写些文章，虽然人在凡尘，笔墨却可以浪迹天涯。

二十来岁时，我曾想过就依文而生，墨染古今文，剑指天涯路，也曾四处写文字换得过不少稿酬。现在人到中年，二十来岁怎么那么遥远！当时的理想怎么也变得那么遥远！

人到中年，维系家族生活的责任在肩，事业也要操心，好像卖炭翁，衣衫虽薄却希望天再寒冷些，只要手上的炭能好卖些，自己哪里会怕冷呢！而少年时候的秀才梦，就像一个偶尔可以跟稍熟的朋友说起的趣事。

做自己喜欢的事，以此为生，你这一生一定会幸福得不得了。

最近经常提到毕业十年，有些感触时就简单写下几个字。毕业十年，意味着深度创业十年，从一个青涩的文艺青年，活脱脱成为一个卖炭翁商人。不会肆无忌惮地在人群中大笑或激昂，只因那样显得不稳重，好像中年人不可以轻易把心事对别人说了吧。回想起少年时代，好像还没年轻够，怎么一下子就老了。

■ 不要忘了烟花的味道

六七年前，我刚到旧金山时突然特别想吃中国口味的饭菜，人生地不熟，一个人开车找中国超市，在一个不起眼的地方，找到了。没什么特别的招牌，就注意到有四个中国大伯在打扑克牌，而且竟然是我老家特别流行的摆十三水。

我停车走近看了下，一下就注意到有一位大伯操着晋江石狮口音，另外几位则是广东和福州长乐人。千里之外，老乡见老乡，格外亲切，听说我是石狮人，大伯叫我坐，请我喝饮料，留我一起吃饭。

闲聊之中，我知道大伯当时在家里已经没什么依靠，又跟亲堂结怨，赌气一个人来到美国，后来一路摸爬滚打竟然也小有所成，他说那个年代的中国人很勤劳，基本都能赚到钱，只是跟家乡越来越生疏，后来就断了联络。突然见到一个石狮人，他也特别想跟我聊聊。他跟我说自己是哪个村的，出来时石狮还属晋江管。我跟他说后来石狮一度发展成"小香港"，跟他说起石狮旧车站，那是后来很多石狮人外出求学、经商的起点，也是许多新石狮人初到的窗口，说起大仑菜市场、大仑街，还有仑峰路的人挤人，只是现在都拆得差不多了。烧肉粽、状元丸、大肠猪料、面线糊、菜粿、碗糕、花生仁汤，这些还在。大伯听得入神，又若有所思。我跟他说，现在农历七月还有普度，"黎叨"（除夕）还有跳火群，有时候也稍稍放些烟花。

后来我在新加坡、马来西亚、菲律宾，老华侨在请我吃饭时都上了道"海蛎煎"，他们跟我说好的海蛎都是老家空运的，很多人的家里和公司里都像闽南老家一样供佛龛。他们讲的闽南语比较古早，甚至更地道，旧时生意人讲"赚吃""赚钱""做生意"，我们现在讲"创业"。在越南时，我不经意间走进了一家会馆，馆里写着"执事有恪"，很多人唱"没有人会随随便便成功"。那些瞬间，我就像被拉回了记忆里小时候的闽南。

小时候在旧厝里，成年男子手上托着一个大碗装米饭，手腕处空出一个位置夹着一小碗足够下饭的菜，几个男人随便往哪里一蹲，哪里就是一个世界，谁做什么发财当头家了，谁家下个月娶媳妇、嫁女儿……

那时的小孩几乎都会一句闽南语的"六月十九观音生"，小时候特别喜欢那个日子，村里唱戏、吃菜桌。那时候很小，电视里放的也都是武侠剧，总觉得危急关头拔剑挺身而出是英雄，后来觉得文人扶社稷，再后来才知道慈悲与善良才是照耀世界与生命永恒的阳光。

闽南有句俗话叫"吃志"。当地的小孩子要是在学校被欺负或者做事被打败了，大人们在训导时往往最后会说一句"你自己要懂得吃志"。这里的"吃志"有长经验、长教训、不为人后的同时要努力奋斗、奋发图强，不再被人欺负、不再被人打败的意思。"吃志"是让自己成长强大，不同于单纯的"嫉妒、仇恨"，"吃志"本身是无害的。

闽南人成功之后极少会去寻衅滋事、报复旧仇，他们仅仅是通过一段不堪的历史逼迫自己去进步，成功之后甚至更懂得关爱弱势群体，因为他们深知其中的艰辛。彰显在外，更多的是光宗耀祖与荫蔽宗族。所以你很容易听到闽南人成功后的仗义护族，却极少看到这片土地上有富商横行乡里。

"雨很粗，×× 你赶紧去收衣"，有一回我去一位特别崇拜的大佬老家，刚进门就听到他大伯在喊他去收衣服。他赶紧小跑上天台把衣服收了。很难想象在外面有多少人崇拜的大佬，在老家听一位乡下大伯的指挥。后来他跟我说："不论在外面如何风光，回到家乡，兄弟是兄弟，叔伯还是叔伯，问答礼数还是要依着少时模样。"宗族的秩序里，有一份茫茫人海的寄托与安定。

"赚吃"二字，饱含了多少背井离乡的闽南人细腻柔软的一面，他们疼爱家庭、奉献宗族的方式就是辛勤劳动，一晃就是整个青春，未来还有更长、更远的路要走。许多人说社会浮躁是生意人带来了逐利思想，但其实还有一批中正、坚毅的生意人，他们在传统秩序里，追求着一种义利的平衡。

在陌生的国度，白手起家，走到人生高峰的，谁又是随随便便成功的呢？我每每在外遇到家乡的人，都会问："'黎叨'要回来吗？"我知道在外面可能会有不同，但回来就是一样的，上午到祖厅祭祀，下午贴春联，晚上跳火群。曾经的新房子成为旧厝，曾经的旧房子成为祖厝，祖厝上写着：期望我族人勿忘创业之劳苦，守成之不易。

大伯跟我说，其实现在回头看以前的路辛苦但也没那么苦，有时候说得苦一点，是希望下一代能多些珍惜。

小时候的"黎叨"都要放烟花，希望我们都不要忘了烟花的味道。

■ 奶奶的一块钱

我出生在 20 世纪的 80 年代末，因而整个 90 年代几乎满是我的童年。

而我的童年时光里，奶奶是我最清晰的记忆。

自小奶奶带着我几乎走遍了泉州地区的主要寺庙，每年带着我在固定的日子去吃庙里的素斋，看戏、看露天电影。带着我坐公交车去晋江的姑姑家，每次为了省下一站的钱而多走许久的路，为了让我跟着走，奶奶会准备一些咸梅，路上我就可以吃一两颗。

奶奶面前，我算是乖巧，总能配合着奶奶烧香拜佛，虽然小时候不知道奶奶嘴里念念有词的内容是什么，但是却知道那都是关于儿孙的，我也总能配合着跟奶奶走一段长长的路搭公交车去姑姑家。

这些事情每年坚持着做，不知不觉我已经三十几岁，渐渐成了一些人眼中优秀的"别人家的孩子"，而奶奶再如何有善心、敬天爱人，也无法阻止九十岁高龄下渐渐的老态。以前我说奶奶走一趟路很慢，是因为她总是在路上跟熟人聊个不停，现在我知道，奶奶是真的走不快了。

老人家经历过苦，经营持家都很勤俭。我从大学开始每年给奶奶钱，老人家都是呵呵地笑，人家都说老人家越老就越爱钱，我很开心，能让老人家开心是件多么幸福的事啊。很多年前，有一回她跟我说，我给她的钱有一万元了，她攒着，待我结婚打金器给我。去年过年，奶奶跟我说感觉身体比之前差很多，她攒了七万块留下来。我估摸着原来这些年给奶奶的钱她可是都没舍得用，对着生活她是省着的，对着我，对着我的小时候，对着我成长的每一步，她却总是那么在意与疼惜。

我跟奶奶说，我自己可以买金器，你顾好自己，好好生活。可奶奶总是不听我的，她只记得我给她钱，却忘了小时候，她在粉笔厂做着辛苦的工作，换得微薄的收入，却毫不吝啬地给我零花钱，她总是从工装裤口袋里摸出一块钱给我。那时的一块钱很大，大得气壮山河，波澜壮阔。

写在后面

1　台风天的风雨那么大，但你还是准时到了。25 岁时觉得 35 岁是多么遥远，但和 25 岁约好的时间，35 岁准时到了，它说："你知道吗，当种子撒下去开始萌芽，就注定了不论是严寒还是酷暑，我们都一定会再遇见。"

2　当我把这本书大体写好后，好像又重新看了一遍自己的 25 岁到 35 岁。好看的照片是越看越好看，好看的人是越看越好看。35 岁肯定比 25 岁更焦虑，人到中年有更多包袱放不下，年轻时有各种退路和选择。25 岁时总觉得精力无限，什么都想尝试，35 岁总结后却发现大都是在浪费时间，身上有十几个武器，却没有一个真正好用的。

3　一直很努力的路，背后不会只有对和正确，还有什么是未解的谜题，是需要后面在路上再去寻找答案的呢？

4　很多事情就是在那么一个刹那，同时存在往哪个方向摇摆的可能，让事情有了本质上的不同。激烈争吵中的一对夫妻，如果没有一方让步，可能会从此分道扬镳，在那么一瞬间有一个人让步了，他们日后还是夫妻，多年后甚至都不觉得当时是多大的争吵。例如，大家对一个男人的认知是出了名的怕老婆、疼老婆，如果两夫妻出了什么问题，大家肯定会说是女人的问题。但实际情况呢？

5　创业像修行，修行的人很多，成佛的人却很少。我的创业路走到今天足足十年了，却好像才刚刚开始，依然不敢有一丝懈怠。以前我觉得别人尊重我是因为我很优秀，后来我知道别人尊重我是因为他很优秀。

6　我看到 25 岁时候的自己写的一句话："你是否会因为文字而对一个陌生人心生好感？每一个文学作品都有其理想读者，都有那个能读懂它的人。"再看到自己 35 岁时写的一句话："世界上最小的乌托邦是你和我，如果你不在了，那就是我和文学。"

7　学生时代失恋了是天大的事，你全身心都沉浸在失恋的痛苦里。迈入社会，同样失恋了，却没办法像学生时代那样歇斯底里地沉浸去痛，因为生活要操心，事业要操心，人际关系要操心，一个人就一颗心，又要多强大才能承受那多重打击呢？所以，天大的事，可能也是小一点的事。

8　不轻易给人建议，因为大部分人是改不了的，只会把问题归结于时运不济或者出身不好。而真正的教诲都是不知不觉的，就像真正好笑的笑话都不会这样开头："来，我给你讲个笑话。"

9　你我既是时代变化的见证者，也是穿越过时空的迷路人。

10 闽南人的浪漫：奋力前进，殊死搏斗，护佑宗族，承前裕后。

11 带团队是上战场，不是请客吃饭，其乐融融很可能导致集体阵亡。

12 在问题中发展是常态，不可能把问题都解决好后再发展，发展时机不等人，问题也永远解决不完。

13 当老板太勤奋可能也是错的。

14 大部分时候都不是认知不够，是执行力跟不上。有的人认知已经接近天际，执行力却脆弱易碎。有的人有信心、有决心，但坚持不了多久就失去了耐心。

15 重要的事当面谈，在乎的人见面聊。

16 人把界限打破了会更相知，有时候很美好，但有时候反而会互相发现很多缺点，少了朦胧的美。

17 能说服一个人的从来不是道理，而是南墙。能点醒一个人的也不是说教，而是磨难。南墙和磨难足以把棱角分明的人磨成鹅卵石。

18　就像《小王子》里说的："如果你想要造一艘船，不要忙着发号施令，鼓动人们去收集木材。相反，要教会他们从心底去渴望无垠的大海。"

19　人不是雕像，都有温度。人都看不到月亮的背面。

20　每个人都有自己的秘密，有人生生藏着，有人死死藏着。但人性就是喜欢窥探和揭开别人的秘密，在"正确"的道德制高点给人"指点迷津"。

21　全场唯一一个不守规矩的人，却活得真实而勇敢。

22　求其全而不得但只求一片心安，不高估自己也不轻薄自己。名声和社会认可是有代价的，肩膀会很重，名气的背后是辛苦的付出。

23　这几年与很多良师益友相逢又相别。有路，我们沿路唱歌要去；没路，我们撩溪过岭也要去。

24　有时候事情可能很难办好，但认真去办，即使做了很多无用功，那也是一份诚意和尊重。

25　人都是有惰性的，有时候就需要刻意提醒，原则和规矩需要很坚决的执行才能长期保持。